2018 湖南省教育厅科学研究项目(18C1598)

2019 湖南省职业教育教学教改研究项目(ZJGB2019024)

网络伦理教程

周兴生　朱理鸿　陈艳芳　编著

西安电子科技大学出版社

内 容 简 介

互联网已经深远地、不可逆转地改变了我们的生活、工作和学习。本书在对互联网的发展、特征、网络伦理学理论及其分析工具的一般性分析基础上，阐释了 Web1.0、Web2.0 和 Web3.0 技术创新及其主要伦理问题，分析了主要的网络失范行为，讨论了计算机及互联网从业人员的专业伦理与社会责任，旨在引导大学生更好地理解互联网的价值负荷、伦理意义，提升网络素养和社会责任意识。

本教程主要读者对象为大学生、IT 企业员工和互联网伦理爱好者。

图书在版编目(CIP)数据

网络伦理教程 / 周兴生，朱理鸿，陈艳芳编著. —西安：西安电子科技大学出版社，2019.10(2021.11 重印)
ISBN 978-7-5606-5496-6

Ⅰ. ①网…　Ⅱ. ①周…　②朱…　③陈…　Ⅲ. ①计算机网络—伦理学—教材　Ⅳ. ①B82-057

中国版本图书馆 CIP 数据核字(2019)第 212339 号

策划编辑　杨丕勇
责任编辑　王　琳　杨丕勇
出版发行　西安电子科技大学出版社(西安市太白南路 2 号)
电　　话　(029)88202421　88201467　　　邮　编　710071
网　　址　www.xduph.com　　　　　　　电子邮箱　xdupfxb001@163.com
经　　销　新华书店
印刷单位　陕西天意印务有限责任公司
版　　次　2019 年 10 月第 1 版　　2021 年 11 月第 4 次印刷
开　　本　710 毫米×1000 毫米　1/16　印 张　14
字　　数　214 千字
印　　数　5001～6000 册
定　　价　32.00 元
ISBN 978-7-5606-5496-6 / B
XDUP　5798001-4
如有印装问题可调换

前　言

随着大数据、云计算、人工智能、区块链技术的融入，网络(包括互联网、移动互联网、物联网等)技术与我们社会生活的方方面面可谓无远弗届，颠覆已经见怪不怪。伴随着技术自下而上的迅猛生长，进行自上而下的伦理引领势在必行。是故，我们组建了这支团队，我们思考探索、教学实践，凝结成了本教程。

本教程不特吸收了周兴生"青年网络伦理"课题的部分研究成果，而且延续了网络规范伦理学构建理路，强化网络伦理方面的正确价值取向和行为导向。此外，我们着力于实现以下目标：

第一个是伦理和技术融合的结构性目标。互联网发展史既是科学发展和技术创新的历史，也是技术祛魅价值显现的历史。互联网架构中的价值沉淀，Web1.0 到 Web3.0 的人本化推进，软件作为一种重要的表达工具、算法的意向和不确定风险，人工智能伦理凸显和奇点理论，互联网商业主义……网络技术和伦理"你中有我，我中有你"交织构筑的技术—伦理场景事实必然以相应的教程逻辑结构呈现。我们尝试通过互联网和万维网技术发展史揭橥出网络技术自身蕴含的伦理，用网络架构和 IT 技术本身来诠释网络伦理"应该"的价值取向，实现教程结构上伦理和技术的有机融合。

第二个是应用性目标。随着互联网技术的日益发展和普及，网络已经深远地、不可逆转地改变了我们的世界和生活。一方面，我们要从其日新月异的应用变化中寻求恒常的互联网应用的价值和伦理；另一方面，将理论界形成共识的网络伦理理论成果迅速转化为教程内容，帮助大学生在不同的网络场景做出合理的价值判断和道德行为抉择。

第三个是教学法目标。考虑到教程使用对象的特殊性，教程编著从内容和结构上为"案例教学"和"对分课堂"教学模式做了铺垫。案例选择不仅仅是作为一种对理论的注释，更多的考虑案例的拓展性、可思辨性以及网络技术的具体应用场景及其困境。

本教程共 6 章，第 1 章是对互联网的发展、特征及网络伦理学理论及其分析工具的一般性研究；第 2、3、4 章对应 Web1.0、Web2.0 和 Web3.0 时代特征、IT 创新及其伦理意蕴，分别进行相关伦理分析；第 5 章讨论网络失范和大学生网络失范行为；第 6 章论述计算机科学和技术相关专业及从业人员的伦理要求与社会责任。这般安排便于教师对公共选修课和专业必修课不同教学对象进行分类教学。

编著者

2019 年 8 月

目　　录

第1章

网络伦理概论

有两样东西，愈是经常和持久地思考它们，对它们日久弥新和不断增长之魅力以及崇敬之情就愈加充实着我的心灵：我头顶的星空和我心中的道德准则。

——康德

1.1　认识互联网

人类的每一次技术进步，都会演绎一种新的生活主题和方式。计算机和互联网的应用，使我们今天的学习、工作、思维以及生活方式和以前完全不同了。我们的通信设备、计算机、家用电器、汽车、穿戴物件等被互联网这一前所未有的媒介整合为一体。人们对互联网变革的理解和把握的不同程度决定了这场变革可能给人类带来的幸福感。因此，当我们接入互联网的同时，有必要追问：互联网因何而来？又为何会有今天这样的发展？什么是互联网？互联网的特征是什么？互联网怎样改变我们的世界？又带来哪些伦理问题？

1.1.1　互联网的起源和发展

关于互联网起源于何时，人们各执一词，最早的记录可以追溯到 1945 年 V. 布什的念头：设想一种能"容纳"全部人类知识纲要的机器。不过，直到 1957 年 10 月 4 日，苏联的"卫星 1 号"发射升天震惊世界，我们如今所熟知的"互联网"才蹒跚地迈出了第一步。卫星的发射带来了相关技

1

术的革新：为了将之发射进空间，苏联发明了一种火箭，这种火箭能够准确无误地抵达美国，如果携带核弹头，便能带来巨大危害。这一举动惊动了美国，受这一交战规则改变的影响，美国人启动了一些研究项目，其中之一就是力图探索如何使得美国的指挥体系和控制体系——政治上的和军事上的——分散于整个国家，这样，假如美国的一个地方遭受袭击，它仍可以控制其他地方。美国还设计了一些新机构为当时势态的方方面面出谋划策，包括国家航空航天局(NASA)、国防部高级研究计划署(ARPA)。ARPA主持研究了用于军事研究的计算机实验网络阿帕网(ARPANET)。该网络的设计思想是：要求网络能够在遭受严重破坏的条件下(如某些节点不能工作或某些线路中断)，仍然能够保持运行。因此，阿帕网被设计成可在计算机间提供许多线路(即"路由")的网络，计算机能够通过其中任意一条线路而不是只通过其中某一固定线路发送信息。具体来说，互联网的发展有三个阶段。

➢ 第一阶段：1968—1985 年，即阿帕网阶段。

这是互联网的研究和试用阶段，网络的用户以军事部门和大学研究机构为主。

第一个突破来自 20 世纪 60 年代早期 P.巴兰提出的"包交换"(Packet-switching)技术，其灵感来自人脑，即人脑在受到某种损害时，可通过将所传递的信息转至新路径而恢复原有机能。巴兰的想法是将信息分离成小包，然后将它们通过不同的路径传向终点。1968 年，一个由 4 台计算机(节点)互连的分组交换实验网络阿帕网(见图 1-1)被建立。这四个节点分别是斯坦福研究院、加州大学圣巴巴拉分校、加州大学洛杉矶分校和犹他大学。1971 年底，最原始的阿帕网建造成功并投入运行。

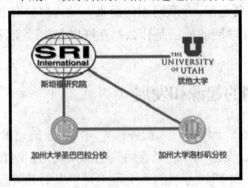

图 1-1　阿帕网连接方式

建立阿帕网的最初目的是资源共享，使已联结的站点共享硬件处理能力、软件和数据。但是，网络用户很快发现了它的另一个功能——电子邮件。汤姆林森于 1971 年正式在阿帕网上发送了一封邮件，收件人是自己，这是人类历史上第一封电子邮件。第二封电子邮件是汤姆林森发给网上所有用户的。汤姆林森通过这封邮件，向网上其他用户声明他发明了一个邮件程序，用户们可以用它在计算机网络上进行通信。此后，用户开始发送大量的邮件，这一应用很快成为网络通信中最广泛、最受用户欢迎的工具之一。

1975 年，阿帕网成员发展到 1000 多个，阿帕网已不再是唯一的计算机网络，其他国家也有了自己的网络。接下来的一次真正突破乃是瑟夫的想法：将所有这些网络通过一系列他称之为网关的东西联结起来，这就有了传输控制协议(TCP)。1977 年 7 月，ARPA 决定对阿帕网、无线网和卫星网进行一次互联实验。实验由瑟夫和卡恩负责，他们在一辆车里把信息通过无线网经阿帕网发至一个卫星站，通过卫星把信息送至挪威，再从挪威把信息送至伦敦大学，伦敦大学把信息传回阿帕网。一圈下来，信息传播距离达到了 15 万千米，但没有损失。实验接通了一个以上的网络，我们如今熟知的因特网终于诞生。或许正因为此，我们把因特网称为互联的网络，即网络的网络。

实验顺利完成后，瑟夫马上召开了国际网络工作组会议，讨论实验中出现的问题。为了提高传输的可靠性，经讨论，会议决定把原有的协议分为传输控制协议(TCP)和互联网协议(IP)，最后形成了可靠性很高的 TCP/IP 协议。传输控制协议(TCP)负责将发送端的信息分解成包，并将信息包装入信封，信封上有接收端地址，然后将信封发向网络，网络接收端按正确的顺序把信息包还原成源信息，并进行校验，若有错，则要求重发。互联网协议(IP)则负责网络中的节点名，确定地址并将信息发往目的地。

1983 年，由于进入阿帕网的网络不断增加，阿帕网的非军事用途与日俱增。为了安全起见，美国国防部把阿帕网分成了两个部分：一部分为民用网络(ARPANET)，即最早的互联网，一部分为军事专用网络(MILNET)。

➤ 　第二阶段：1985—1995 年，即 NSF 阶段。

这是网络的科研应用阶段，网络的用户以科研、学术交流、教育及新闻机构为主，1992 年 NSFNET 的使用规则规定其不许用于商业及私人机构。

1985 年，美国国家科学基金会(NSF)开始建立 NSFNET。NSF 规划建立了 6 个超级计算中心及用于支持科研和教育的全国性规模的计算机网络 NSFNET，并以此作为基础，实现同其他网络的连接。NSFNET 成为互联网上主要用于科研和教育的主干部分，代替了阿帕网的骨干地位。1988 年，加拿大、丹麦、法国等 7 个国家接入 NSFNET。1989 年，德国、意大利等 10 个国家接入 NSFNET，使其通信量激增。同年 MILNET 实现和 NSFNET 连接后，就开始采用互联网这个名称。自此以后，其他部门的计算机网相继并入互联网(见图 1-2)。1990 年年底，阿帕网关闭，宣告解散。

图 1-2 NSFNET 辉煌时期的网络景象

网络普及的滚滚浪潮应当归功于万维网的出现。20 世纪 80 年代后期超文本技术已经出现，当时还有国际间的超文本学术会议，每次都有上百篇有关超文本的论文问世，但没有人想到把超文本技术应用到计算机网络上来：超文本只是一种新型的文本而已。机遇偏爱有准备的人。有一次，欧洲粒子研究中心的伯纳斯•李端着一杯咖啡，在实验室的走廊上走过，看到了怒放的紫丁香花丛，那盛夏淡淡的清香味伴随着香醇的咖啡味飘入实验室，刹那间，伯纳斯•李脑中灵感迸发：人类可以透过相互连贯的神经传递信息(咖啡香和花香)，为什么不可以由电脑文件相互连接形成"超文本"呢？说干就干，1989 年仲夏之夜，伯纳斯•李成功开发出世界上第一个万维网服务器"HTTP"(即 Web 服务器)和第一个万维网客户机软件"World Wide Web"。虽然这个万维网服务器简陋得只能说是欧洲粒子研究中心的电话号码簿，它只是允许用户进入主机查询每个研究人员的电话号码，但它实实在在是一个所见即所得的超文本浏览(编辑)器。1989 年 12

月，伯纳斯·李(见图 1-3)将他的发明正式命名为万维网(World Wide Web)，即我们熟悉的 WWW；1990 年 12 月万维网第一次在欧洲粒子研究中心内部推出；1991 年 5 月，万维网在互联网上首次露面，并立即引起了轰动，开始被广泛推广应用。伯纳斯·李的程序是用超文本语言写就的，它使页面上的信息和其他的网页链接了起来，这是互联网普及的关键。

图 1-3　"万维网之父"蒂姆·伯纳斯·李

美国著名的信息专家、《数字化生存》的作者尼葛洛庞帝教授认为：1989 年是 Internet 历史上划时代的分水岭。WWW 技术给 Internet 赋予了强大的生命力，Web 浏览的方式给了互联网靓丽的青春。

伯纳斯·李并没有把万维网(WWW)的建立作为致富的捷径，他仍然坚守在学术研究岗位上，那种视富贵如浮云的胸襟，真正表现了一个献身科学的学者的风度。

难道伯纳斯·李没有看到 WWW 的价值？不是的。因为他当时预见，一旦浏览/编辑器问世，势必引起网络软件大战，使国际互联网陷入割据分裂。为了他所钟爱的 WWW 事业，他决定扮演一个技术侠客而不是角逐财富的商人。这位满怀浪漫理想主义的科学家以谦和的语气说："Web 倒是可以给梦想者一个启示——你能够拥有梦想，而且梦想能够实现。"的确，Web 是伯纳斯·李在紫丁香和实验室之间的梦想，而伟大的国际互联网正是在无数像伯纳斯·李这样的先驱们的无私耕耘下成长起来的。

➤　　第三阶段：1995 年至今，即互联网的商业化阶段。

网络上诞生了各种各样的全新的商业模式，传统企业必须有在线服务和网上商务才能生存，这一阶段就是我们今天说的互联网革命。

早在 1988 年，NSF 就在哈佛大学肯尼迪政府学院召开了一系列有关互联网的商业化和私有化以及网络本身商业化和私有化的会议，全面讨论和制定了私人出资网络商业化的流程。20 世纪 90 年代初，商业机构开始进入互联网，使互联网开始了商业化的新进程，也成为互联网大发展的强大推动力。1995 年，NSFNET 停止运作，互联网已彻底商业化了。

网络信息服务的迅速发展，使人们越来越重视互联网的价值。发明以太网的梅特卡夫提出了一条有名的互联网定律"网络的价值等于上网人数的平方"，人们称之为"梅特卡夫定律"。

1995 年 12 月，梅特卡夫在第五届国际环球信息网络会议上发表演讲说："互联网像超新星一样地爆发，但它会在 1996 年崩溃。如若不然，我将今天说的话吃下去。"互联网的发展极其迅速，不但没有崩溃，而且上网的人数越来越多。梅特卡夫没有食言，他在 1996 年同样的会议上，把 1995 年的发言稿嚼碎后和矿泉水一起吞了下去。

随着商业网络和大量商业公司进入互联网，网上商业应用取得高速的发展，同时也使互联网能为用户提供更多的服务，互联网迅速普及和发展起来。表 1-1 反映了近 20 年全球互联网用户数量增长的情况。

表 1-1　2019 年全球互联网使用率和人口统计

地域	人口	网民	网民占人口百分比(%)	2000—2019 年本地域网民增长率(%)
非洲	1 320 038 716	492 762 185	37.3	10 815
亚洲	4 241 972 790	2 197 444 783	51.8	1 822
欧洲	829 173 007	719 365 521	86.8	584
拉丁美洲	658 345 826	444 493 379	67.5	2 360
中东	258 365 867	173 542 069	67.2	5 183
北美	366 496 802	327 568 127	89.4	203
大洋洲	41 839 201	28 634 278	68.4	276
全球总计	7 716 232 209	4 383 810 342	56.8	1 114

数据来源：Internet World Stats

1.1.2　互联网定义及其价值

1995 年 10 月 24 日，FNC(联合网络委员会)通过了一项关于"互联网定义"的决议。联合网络委员会认为，下述语言反映了"互联网"这个词的定义。

"互联网"指的是全球性的信息系统：

① 通过全球惟一的网络逻辑地址在网络媒介基础之上逻辑地链接在一起。这个地址是建立在互联网协议(IP)或今后其他协议基础之上的；

② 可以通过传输控制协议和互联网协议(TCP/IP)，或者今后其他接替的协议或与互联网协议(IP)兼容的协议进行通信；

③ 让公共用户或者私人用户享受现代计算机信息技术带来的高水平、全方位的服务，这种服务是建立在上述通信协议及相关的基础设施之上的。

综观互联网起源和发展的历史，我们可以看到：首先，互联网是人类最重要的交往工具。网络的设计思想是：要求网络能够在局部遭受严重破坏的条件下仍然能够保持运行，其结果是促进人们的沟通，使得世界各地的人能够彼此交流互通。今天，互联网与人们的日常生活息息相关，人们已经习惯了在网上进行通信、社交、商务等活动。其次，互联网是共享的资源平台。阿帕网的最初目的是为了资源共享，使已联结的站点共享硬件处理能力、软件和数据。互联网已成为信息的集散平台，是一个世界规模的巨大的信息和服务资源。1985 年，美国国家科学基金会(NFS)开始建立NSFNET，主要用于科研和教育。传统知识和文化转换为数字形式上传到互联网上，可以长久保存和广泛传播。网络上流动和储存着海量的信息资源，使互联网成为记载知识的在线百科全书，通过搜索引擎等信息工具，可以在互联网上找到日常生活、学习、工作中的许多信息。再次，网络环境已成为我们生活的重要场景。"这并非认为技术决定了社会，而是技术、社会、经济、文化与政治之间的相互作用，重新塑造了我们的生活场景。"①互联网把人类引进了交互式社会，网络不仅是人类重要的社交场所，也是现代

---

① 曼纽尔·卡斯特. 网络社会的崛起[M]. 夏铸九，王志弘，等，译. 北京：社会科学文献出版社，2003.

社会学习、工作和发展的便利工具。互联网促成了信息经济，信息技术将对传统产业产生深刻的作用。互联网将我们带入了一个真正多元、相互依赖的世界，政府广泛采用电子政务来治理国家，人们通过网络表达利益诉求、讨论公共事务。不断创新的互联网技术，不仅帮助人们克服了时间和空间障碍，而且丰富了人们的文化生活。最后，互联网是新兴信息社会基础设施的一个中心要素。[①]从 1960 年的一个研究项目，到 2019 年 3 月已形成拥有占全球人口 56.8%，将近 44 亿互联网用户的广泛商业性基础设施，互联网已成为新生信息社会基础设施的中心要素。经过 50 多年的发展，网络已经渗透进社会生产和人们生活的各个领域，并大大改善了人类的生活，促进了人类的进步。

互联网在以下几个方面改变了我们的世界：首先，在技术方面，互联网基于分组交换技术和阿帕网，并且在很多方面扩展了数字通信的基础设施，使其在规模、性能和功能上得到了极大的提高；其次，在全球性的复杂运营和管理方面，互联网对我们的世界进行了一次大改造，使政府、军事、商业等组织的运营和管理效率大大增强；再次，在社会和人际交流方面，互联网形成了广大的网民社区，网民齐心协力创建并发展互联网社区；最后，在商业方面，电子商务如今已经成了人们生活中不可或缺的一部分[②]。

1.1.3 互联网的基本特征及其伦理

什么是互联网？按瑟夫的设计和理解，互联网可以简单理解为互联的网络，即连接网络的网络。随着互联网功能的不断创新，互联网对人类影响的不断深化，网络的社会性因素将日益显现。结合网络的技术及其对人的影响，我们认为，互联网是由一定技术(有线或无线)和协议连接并能重塑人们生活场景的实体网络。

1. 互联网的基本特征

第一，互联网具有开放性。不问内容的"包交换"信息传输技术和

---

① 因特网治理工作组. 因特网治理工作组的报告. 2005 年 6 月，博塞堡。

② 钱纲. 硅谷简史[M]. 北京：机械工业出版社，2018：301.

8

"TCP/IP"网络的运行协议构建了互联网最突出的特征：开放性。从内容上看，互联网的开放性不仅是指技术架构的开放性，也是指社会/机构组织的开放性。"首先，网络架构必须是开放的、分权分散的，在其相互作用上是多方向的。其次，所有通信协议及其执行必须是开放的、分散的和允许修改的(尽管网络制造商尽量使他们的部分程序保持专有)。最后，管理网络的机构必须建立在源自于互联网的开放性和合作的原则之上。"①事实上，开放性是互联网最大的力量所在，也是其力量之源泉。一方面，它是令人惊奇的复杂系统能够运行得如此之好的原因；另一方面，它也是"开放资源"运动之所以具有深远意义的原因——因为它明白创作质量高、可靠性强的计算机软件的最佳途径便是最大限度地集思广益，使尽可能多的人来对它进行仔细的检查和改进②。

第二，互联网具有虚拟性特征。虚拟性是指互联网上的信息的存在形式是虚拟化的，是以比特形式存在的。网络架构"彻底转变了人类生活的基本向度：空间与时间。地域性解体脱离了文化、历史、地理的意义，并重新整合进功能性的网络或意象拼贴之中，导致流动空间取代了地方空间。当过去、现在与未来都可以在同一则信息里被预先设定而彼此互动时，时间也在这个新沟通系统里被消除了。流动空间(Space of Flows)与无时间之时间(Timeless Time)乃是新文化的物质基础，超越并包纳了历史传递之再现系统的多种状态：这个文化便是真实虚拟之文化。"③

第三，互联网具有非中心化特征。互联网没有中心，也就是说，没有中心服务器，没有单一控制机构，信息从一个地方到另一个地方，无需通过一个中央集线器来传输。非中心化特征与开放性架构密切相关，为保证政治、军事的指挥体系和控制体系分散于整个国家，互联网的基本结构不是一个中央式的网络，而是"分布式"的，数据可以经由不同的路由到达目的地。非中心化便于网络的扩张或收缩，鼓励全球的接入和参与。

第四，互联网的自由平等精神。互联网自由平等精神的核心是信息运用、传播和信息技术创新的自由和平等。分组交换原则是互联网区别于传

---

① 曼纽尔·卡斯特. 网络星河[M]. 北京：社会科学文献出版社，2007：33.

② 约翰·诺顿. 互联网：从神话到现实[M]. 南京：江苏人民出版社，2001：271.

③ 曼纽尔·卡斯特. 网络社会的崛起[M]. 北京：社会科学文献出版社，2003：465.

统电路交换网络的一大特点。在分组交换的互联网上，一台计算机发出的数据信息首先被分割为许多数据包，分别通过网络传送，在到达目的计算机后再重新按顺序组合。这样，网络控制权交给用户，用户拥有最大自由度，人人可以参与创新，促进了业务向多样性和综合性发展。从互联网架构生成过程看，无论从技术上（"包交换"，开放式、分布式网络结构）、制度上、文化上还是技术人员方面，都赋予了网络架构自由平等精神。

第五，互联网具有创造性。互联网端到端网络的原则是指，互联网相对于网络的边缘端点是中立的，所有复杂的任务、智能和创新的功能都被放到网络的边缘，而不会受原网络设计、规划和运营的限制，从而使互联网充满创新活力。美国计算机伦理学家詹姆士·摩尔用"逻辑延展性"来描述计算机技术的创造性。摩尔认为，计算机技术是真正革命性的，因为"计算机具有逻辑延展性，它们可以被定制和塑造，完成任何可根据输入、输出和相关逻辑操作来表征的活动……因为逻辑适用于任何地方，所以计算机技术的应用前景似乎是无限的。计算机是我们所拥有的最接近通用工具的东西。事实上，计算机的极限大体上就是人类自身创造力的极限。"人类用智慧构造一个虚拟社会来延伸人类现有的生存空间，并改变了人类的生存方式。网络作为一个开放的系统，人们可以摆脱现实空间的束缚和压抑，可以充分展现自己无限的想象力和创造力。

第六，互联网具有社会性。"万维网与其说是一种技术的创造物，还不如说是一种社会性的创造物。我设计它是为了社会性的目的——帮助人们一起工作，而不仅仅是设计一种技术玩具。万维网的最终目标是支持并增进世界上的网络化生存。我们组成家庭、协会和公司。我们与远方的人建立信任关系，却不相信近在咫尺的人。我们相信、支持、赞同和依赖的是能够展现并且已经越来越多地展现在万维网上的东西。我们都必须确保我们用万维网建立的社会符合我们的愿望"[1]。随着互联网的发展和普及，网络的社会本质属性越来越明显，以 Facebook 为代表的 SNS[2]认为人是互联

---

① 蒂姆·伯纳斯·李，马克·菲谢蒂. 编织万维网[M]. 上海：上海译文出版社，1999：124.
② SNS，全称为 Social Networking Services，即社会性网络服务，专指旨在帮助人们建立社会性网络的互联网应用服务。SNS 的另一种常用解释全称为 Social Network Site，即"社交网站"。

网的中心，未来的互联网是人的互联网，而不是信息之间超链接的联网，信息是无限的，只有依托于人才会产生意义。

2. 互联网精神

基于互联网设计理念，互联网架构及其特征赋予了互联网"开放、平等、协作、分享"的精神。

(1) 互联网的开放精神。互联网的架构决定了它既没有时间界限也没有地域界限；互联网的开放精神不仅仅体现在物理时空的开放，更体现在人们的思维空间的开放上。不同行业和生活经历、不同地方的人可以共同就某一话题展开交流和讨论，思想火花的碰撞将极大地拓展人们思维的边界，丰富人们的知识。从内容上看，互联网的开放性不仅是指技术架构的开放性，也是指社会/机构组织的开放性。

(2) 互联网的平等精神。互联网的水平存在方式决定了网络是一个平等的世界，人们在网上的交流、交往和交易，被剥去了权力、财富、身份、地位、容貌标签，在网络组织中成员之间只能彼此平等相待，同时网络使我们的世界更加透明和精彩。互联网的平等是"网络面前人人平等"，相互间即便互不相识、远隔万里，但在互联网的世界里都是网友，不管你有什么需要，不管你遇到什么困难，在这里都会找到属于你自己的一片空间。

(3) 互联网的协作精神。互联网的协作精神是互联网社会性特征的体现，每个人都是互联网中的一个神经元，互联网世界就是一个兴趣激发、协作互动的世界。互联网的实时互动和异步传输技术结构将彻底地改变信息的传播者和接受者的关系：任何网络用户既是信息的接收者，同时也可以成为信息的传播者，并可以实现在线信息交流的实时互动和协作。互联网的协作精神决定了一方面我们要维护好我们共同的网络家园，另一方面我们只有相互间友好协同，才能共同编织起这张网。

(4) 互联网的分享精神。互联网的分享精神是互联网发展的原动力。技术虽然是互联网发展的重要推动力，却不是关键，关键是应用。翻开互联网发展的历史，我们可以发现，开放、分享的精神才是互联网能发展到今天的根本原因。很多人都知道，互联网在产生的早期主要是为了方便美国研究机构和高校的科学家们分享研究资料。刚开始互联网只对科学家开放，后来对商业机构开放，现在对所有人开放。互联网历史上的重大创新事件，大多是非正规研究互联网技术的人推动的。比如，美国的几个学生希望用 E-mail 分享照片，结果因为照片占有空间太大屡次发送不了，于是才决定要建立一个视频分享网站，这就有了今天的 YouTube。

3. 互联网伦理价值和伦理问题

在网络空间中，基于"主体—技术—空间"关系的改变，身体与主体的关系、身份的认同、交往的动机和形式等都将有一种新的变化。因此，网络空间的出现，绝不仅仅是对传统媒介空间和文化交往空间的增补式的发展，而更应该从文化交往空间和物理空间相结合后的整体层面上，思考网络空间所带来的新内涵。互联网在经济、政治、文化和社会各方面凸显其积极的伦理意义和价值。

经济方面，"互联网的价值等于（与之相联结的）网点数量的平方"，互联网首先促进了世界经济的快速发展。"互联网自其商业化以来，它本身的迅速发展及其在经济社会方方面面日趋广泛的应用，有力地促进了信息化与经济全球化这两大全球性趋势的合流。"《世界互联网发展报告 2018》指出，当前全球正处于新一轮科技革命和产业革命突破爆发的交汇期，以互联网为代表的信息技术，与人类的生产生活深度融合，成为引领创新和驱动转型的先导力量，正加速重构全球经济新版图。2017 年，全球数字经济规模近 13 万亿美元，其中美国和中国位居全球前两位。全球电子商务保持快速增长，交易额达到 2.3 万亿美元，特别是 2019 年以来，亚洲、拉丁美洲、中东、非洲等新兴市场成为新的增长点。

政治方面，网络政治参与影响着社会政治生活，成为政治参与主体行使民主权利、促进政治发展和政治文明建设的重要组成部分。中国社会科学院社会发展研究中心发布的一项调查报告称："中国互联网成为汇集民意新通道"。网络政治参与作为一种自下而上的对话渠道，网络民意越来越受到政府重视，日益影响高层思考和政治决策。互联网在全球范围内自由流动的信息为人们提供了信息共享、信息选择、平等参与和平等交流的更大的可能性。

文化方面，互联网的发展过程也是一个网络文化的平民化过程，网络文化的显著特征就是空前的个性张扬和广泛参与，民众意愿表达充分。无论是从互联网的服务/功能的使用率，还是其发展的方向看，互联网已日益成为人们文化生活和活动的重要空间。譬如，伴随移动互联网发展，微信、抖音等社交平台的兴起，给文化传播提供了新的发展机遇。从本质上看，网络文化是一种多元互动、开放包容、平等互鉴的文化。乐观主义者认为跨文化沟通是件好事：当不同类型的人在网上互动时，通过产生和分享思想、感受和知识，所有人都会受益。

社会方面，由于网络的开放性和社会性特征，使得网络利他行为受惠面大大扩大，网络中不求回报的利他行为比现实世界中似乎要多并且随意一些。"在互联网上，到处可见随意的善举，人们会惊讶于互联网用户的利他主义精神。"①在中国四川汶川地震、青海玉树地震、西南地区旱灾等重大自然灾害发生后，中国网民充分利用互联网传递救灾信息，发起救助行动，表达同情关爱，充分展示了互联网在社会风尚建设和构建和谐社会中不可替代的作用。

同样基于互联网架构开放性、虚拟性和非中心化的基本特征，网络行为影响无限放大、行为者难以追溯从而大大降低所要承担的风险，互联网技术的发展给人类社会带来了诸多的社会伦理问题，这正如尼尔·巴雷特在《数字化犯罪》一书中指出的："开始作为学者和研究人员游乐园的因特网，经历了长期痛苦的成长过程，已成为一个功能齐全、政治化的自由社会——计算机王国。它吸引了不同生活背景、来自不同行业、不同年龄的公民，同时也吸引了许多坏人、盗窃分子、诈骗犯和故意破坏分子，它还是恐怖主义分子的避风港"。

从国内外的实践看，主要的网络伦理问题包括：知识产权问题、信息与网络安全问题、个人隐私问题、互联网技术应用对消费者和社会的责任问题(如软件设计缺陷)、网络技术应用者个人的自由权利与道德责任问题(如网络成瘾和网络暴力)、虚假和色情信息等。

1.2　网络伦理学

为了更好地开发和利用互联网，让网络技术同网络空间活动中的人们

---

① [美]Patricia Wallace. 互联网心理学. 中国轻工业出版社，2001 年版，第 209 页。

和谐相处，我们有必要建立相应的道德科学。那么，什么是网络伦理？网络道德如何发生？我们应该构建一门怎样的网络道德学科？网络道德的原则和规范是什么？

1.2.1　网络伦理何以发生

1. 概念的厘定

互联网给人类带来了一个不同于现实空间的网络空间。1984 年，移居加拿大的美国科幻作家威廉·吉布森(William Gibson)，写下了一个长篇的离奇故事，名字叫《神经漫游者》。故事描写了反叛者、网络独行侠凯斯，受雇于某跨国公司，被派往全球电脑网络构成的空间里，去执行一项极具冒险性的任务。进入这个巨大的空间，凯斯并不需要乘坐飞船或火箭，只需在大脑神经中植入插座，然后接通电极，电脑网络便被他感知。当网络与人的思想意识合为一体后，即可遨游其中。在这个广袤的空间里，看不到高山荒野，也看不到城镇乡村，只有庞大的三维信息库和各种信息在高速流动。吉布森把这个空间取名为"赛博空间"(Cyberspace)，也就是现在所说的网络空间。网络空间就是把人、计算机、信息源等连接起来形成的一种新型社会生活和交往的空间。

如同现实空间社会的行为准则一样，网络空间也必须有相应的行为准则或道德规范，建立相应的网络道德科学，或者说网络伦理学。网络伦理学(Internet Ethics)源于计算机伦理学(Computer Ethics)①。

网络伦理学是一门全新的、以网络道德为研究对象和范围的学科，即关于网络道德的学说。网络伦理学所探讨的对象和范围涉及虚拟空间及生活在其中的虚拟人，这里所探讨的虚拟空间及虚拟人实实在在地存在于现代社会之中，并对现实社会存在的文化和道德产生了巨大的影响和冲击。

网络伦理分为两大类，一类是网络社会中的伦理问题——狭义的网络伦理问题，另一类是网络对社会影响的伦理问题——广义的网络伦理问题。

---

① 与计算机、网络和信息技术对应，有计算机伦理学、网络伦理学和信息伦理学。严格意义上说三者是有区别的，特别是从其外延看，信息伦理学要宽些，因此摩尔喜欢用"计算机技术"一词。目前学界基本将计算机伦理学、网络伦理学和信息伦理学三者通用，我们也遵从这一惯例。

广义的网络伦理与狭义的网络伦理的关系在一定程度上表征了现实社会伦理与虚拟社会伦理的关系。因此，作为一门完整的学科，网络伦理学是研究计算机网络中的伦理问题以及计算机网络引起的社会伦理问题的一门应用伦理学学科[①]。

2. 网络道德何以发生？

网络道德何以发生？弄清这一问题，不仅是网络伦理学之所以存在的理由，也是构建网络伦理学框架和网络空间规制的重要依据。

1）互联网架构本身蕴含道德冲突

我们知道不问内容的"包交换"信息传输方式和开放的"TCP／IP"网络运行协议是互联网架构的基石，在互联网基本主从式架构中运作的万维网帮助人们实现了信息共享的梦想。基于互联网架构向度的特殊性，人类一些核心价值应用于网络上就出现两难问题。比如，网络空间和现实空间的"侵入"就有差异，无论是其侵入的方式、可能的后果还是人们对"侵入"的评价。

开放式互联网架构本身蕴涵了通信"抗中断"优势和网络脆弱性的矛盾，这正如开放本身就充满机遇和风险。首先，网络的脆弱性表现在互联网的不安全性。互联网的不安全性有朝一日会证明它具有毁灭性的后果：对网络安全的破坏远不只是对单个商业网站的攻击。其次，开放式网络架构特别容易受到黑客攻击和病毒侵害。例如，黑客散播病毒，给计算机用户带来损害，计算机病毒删毁文件、损坏硬盘，还使整个系统崩溃。再次，开放式因特网架构导致网络黄祸泛滥，不仅威胁着人类的尊严，更严重的是危害青少年的身心健康。近年来，"救救孩子""让青少年远离色情淫秽信息"的呼声越来越强烈。最后，以不问内容的包交换技术为基础开放式因特网架构使数字信息在网络中很容易被复制和传播，对传统的知识产权制度构成了巨大威胁。

无中心、以数据包传输为基础的网络设计使互联网富有弹性且结构牢靠，但同时凸显了网络空间的非中心化与现实空间权力中心化的冲突。由于网络，政府和企业管理机构的权力正不断被解构。"不受约束的计算机网

---

① 李伦. 鼠标下的德性[M]. 南昌：江西人民出版社，2002：32-33.

络的体系结构是以将检查制度解释为技术失效并且只以在全球网络中传播的协议为基础的，这使得它难以——虽然也不是不可能——被控制。"①为了防止权力的消解，政府和企业需要对网络进行管制，特别是内容控制，这势必产生内容控制与言论自由的冲突。另外，互联网提供的富有弹性且结构牢靠信息传输模式在方便人们交往和商务活动的同时，也为网络犯罪和恐怖组织提供了安全的通讯工具。出于安全和打击犯罪的需要，安全部门和司法机关需要对网络进行监控，实施信息采集、数据挖掘和信息分析，这又会引起网络规制和言论自由、打击犯罪和保护公民隐私权的矛盾和冲突。

网络伦理之所以存在的根本原因是由网络架构内在特质所决定的，网络伦理问题源于网络空间的内在矛盾以及网络空间架构与现实空间架构的冲突。既有的网络架构下不可能有从根本上解决网络道德问题的技术手段。例如，光就计算机入侵这一个问题来说，想通过技术手段对抗计算机入侵的前景将是暗淡的。技术手段可以减轻未来的威胁，但它绝不是最后的方法，它只在有人发起新的攻击前有效。万无一失的安全系统是根本不存在的。基于此，我们要想拥有信息共享、快捷低成本的通信服务以及大量的商业机会等，就必须正视网络伦理问题并寻求良好的解决途径。

2) 网络技术与道德的发生

互联网架构当然是技术问题，但从系统学原理来说，网络架构是最高层次的，一旦设计或构建就很难更改甚至无法更改，因此它对网络道德的形成是根本性的。接下来我们要讨论的是基于互联网架构的衍生技术(特别是网络应用及相应的软件开发技术)对道德生成的作用。

以不断发展的网络技术 P2P 为例，我们先来看看网络技术如何依靠自身的发展螺旋来解构既有的道德和法律制度。1998 年，美国东北波士顿大学的一年级新生，18 岁的肖恩·范宁为了能够解决他的室友的一个问题——如何在网上找到音乐而编写了一个简单的程序，这个程序能够搜索音乐文件并提供检索，把所有的音乐文件地址存放在一个集中的服务器中，这样使用者就能够方便地过滤大量的地址而找到自己需要的 MP3 文件。到了 1999 年，令他们没有想到的是，这个叫作 Napster 的程序令互联网上的音乐爱好者"美梦成真"，无数人在一夜之内开始使用 Napster(在最高峰

---

① 曼纽尔·卡斯特. 网络星河[M]. 北京：社会科学文献出版社，2007：183.

时有 8000 万的注册用户)。1999 年 5 月,由范宁和帕克共同创办的文件共享社区网站——Napster 正式成立。同年 12 月 7 日,美国唱片业协会以违反版权保护法为由把 Napster 公司送上法庭,Napster 最终由于技术上的问题落入了版权保护的法网,承担了间接侵权责任。有了前车之鉴,后来的类 Napster 软件进行技术上的改进,如 Gnutella 和 Morpheus。Morpheus 并不像 Napster 使用中央服务器的方式,也不使用 Gnutella 的文件分享通讯协议,而是使用专门的点对点通讯协议来分享文件。人们可以直接连接到其他用户的计算机并交换文件,而不是像过去那样连接到服务器去浏览与下载,实现"非中心化",并把权力交还给用户。这样,网络空间不仅实现了几乎不需任何成本就能对数字化作品进行高质量的复制,而且使法律的实施(追踪并惩罚侵权者)成为了一项几乎无法完成的任务[①]。

应该认识到,网络技术的发展,一方面放大并易化了对内容提供者的侵权威胁,另一方面也强化了内容提供者保护自己权利的手段,这就是所谓的"数字困境"。1997 年 7 月,我国江民公司在其最新发行的防病毒软件 KV300L 中加入"逻辑锁"程序,主要作用是识别盗版和正版软件用户。当使用盗版的密匙盘运行 KV300 时,该程序立即启动并锁死电脑,使得电脑硬盘无法使用。这属于典型的技术措施滥用行为,江民公司因而受到了北京公安局的处罚。微软黑屏事件及伴随发生的一系列对策手段也是对"数字困境"的最好注释。我们知道,任何技术都有其自身发展的逻辑,即所谓的"技术螺旋",网络技术的保护和反保护之间无休止的争斗可以看作"技术螺旋"的另一种表现形式,也决定了网络技术与现实道德之间冲突的必然和永恒。

随着信息技术、网络技术和人工智能的深度融合,智能爆炸引起人们广泛关注。依照摩尔定律,如果我们假设"人工通用智能"(AGI)可以实现,那么,要实现"人工超级智能"(ASI)或超人智能,甚至不一定需要智能爆炸的递归式自我改进。这是因为,一旦达到了 AGI 水平,不用两年,具有人类智力水平的机器其运算速度就提高了一倍。接着不到两年,又翻倍了。而在这期间,普通人的智力保持不变。很快,AGI 就远远地把人类抛在身后了。

---

① 劳伦斯·莱斯格. 代码[M]. 北京:中信出版社,2004:154.

3) 互联网价值承载的不可公度性

技术本身是中立的还是承载价值的？对此尽管人们还没有形成共识，但目前大部分哲学家和伦理学家都认为技术承载着一定的价值。相对于以往技术，互联网价值承载更为明显，原因在于，互联网不仅仅是技术，其本质上是一种文化。

事实上，互联网架构本身就"嵌入"了计算机科学家和电脑精英拥有的价值理念和美国为主的西方法律制度及其文化。我们知道，互联网之所以是这般而不是其他，除了军事考虑谋划外，还有一个重要因素是早期计算机科学家和电脑精英们的价值观念的"嵌入"。万维网的产生是要回答一种公开的挑战，即通过来自许多不同方面的影响、思想和认识的搅拌，并借助人类大脑的奇妙调配，最终形成一种新的概念。

网络内容冲突是互联网价值承载不可公度性的第二个突出表现。与传统的文化传播媒介相比，互联网具有信息交流系统的开放性、信息资源的多样性和信息传播的难控性特点，这使网络一经产生就成为了个人、组织、团体、国家和民族表达观点和传播文化的重要阵地。在互联网全球化这种情况下，网络行为很多具有跨国性质，这样，不同民族的文化价值观和不同国度的法律制度在互联网短兵相接，甚至出现尖锐冲突。2000 年，法国国际反种族协会和法国犹太学生联合会起诉雅虎公司的一个网站收录了一个拍卖纳粹物品的站点，这违反了法国"不得展示和出售纳粹物品"的法律。雅虎公司则辩称，这个网站的做法不是雅虎所为，雅虎只是提供了网站的分类、查找和链接服务，并且法国用户只有通过雅虎美国站才能进入，而雅虎美国站的服务器位于美国，依美国法律，拍卖纳粹物品是不被禁止的。这样，基于互联网，法国法律与美国法律在反纳粹问题上发生了冲突，换句话说，互联网使一些在现实空间很难发生的冲突成为可能。

4) 互联网商业化后的道德问题

互联网商业化本身是一个悖论：互联网的繁荣需要商业化，商业化在推进互联网发展的同时又给互联网戴上了手铐脚镣，无论是其架构、技术还是信息。互联网商业化诱发的道德和法律问题是多方面的，如人们熟悉的非法物品的网上售卖、电子商务安全、带有商业目的电子垃圾邮件非法侵入问题等。我们下面仅围绕信息商业化来考察互联网商业化后网络道德问题得以发生或放大的某些状况。

信息商业化后，个人信息隐私侵害问题日趋严重，这点我们可以通过对 Cookies 和数据挖掘技术的考察窥探其冰山一角。当你浏览某网站时，Web 服务器在你的计算机硬盘上置入一个非常小的文本文件，它可以记录你的 ID、密码、浏览过的网页、停留的时间等信息，这就是 Cookies。Cookies 通过收集、加工和处理涉及消费者消费行为的大量信息，确定特定消费群体或个体的兴趣、消费习惯、消费倾向和消费需求等。"网络上没有人知道您是一条狗"，互联网曾经的至理名言不再合理，因为现在，只要需要，一定会知道您是不是狗，或者是一条什么样的狗，还有您主人的住所、电话、车牌号等。面对互联网的商业化，B.温斯顿在编写媒体技术史中提醒人们：互联网呈现了 20 世纪后半期信息商业化这一概念最后的灾难性运用[①]。

5) 作为网络道德主体的人

首先，网络主体自身的道德缺失。其主要表现在网络主体与网络发展所需的伦理道德的不同步性。网络社会的虚拟性需要被特定的、新的道德规范所引领。如果缺乏与之相适应的新的伦理道德，我们只是机械地沿用旧行为中现成的道德要求，那么就可能造成旧道德与新行为不相适应的矛盾局面。目前，网络主体对网络社会发展所需的伦理道德知之甚少。面对网络社会出现的一系列新问题，旧道德与新行为不相适应，他们凭借自身的理论水平和分析能力无法对获得的知识和网络进行有效的梳理和整合，不知道如何合理利用以指导自己的网络行为，容易出现行为失范。

其次，奉行不同的伦理道德标准。网络与现实生活中的伦理道德标准是有差异的。例如，在某种意义上，黑客如同现实生活中的窃贼，他们往往在网民不知道的时候进入网民的"家"——电脑中，或大肆破坏，或攫取隐私。但态度迥异的是，对于窃贼，社会上是一片喊打之声；而对于黑客，人们却表现出了过多的宽容，甚至是崇拜。这就是双重标准的直接体现。

最后，人类对于数字信息的崇拜。在人类进化的历程上，呈现出追求确定性、简洁性的心理态势，人们一直都在试图把自然界的奥妙用最简单明晰的语言描绘出来，发展到今天，最简洁、最有确定性、最具概括性的表达方式就是数字。对于建立在两个数字 0 和 1 基础上的计算机信息，大众达到了

---

① 彼得·沃森. 20 世纪思想史[M]. 上海：上海译文出版社，2005：858.

盲目随从的偏执。人们对确定性数字信息的崇拜促成了互联网空间中行为的放纵，使网络系统的特性呈现出非确定性，从而导致各种悖论的出现。[①]

1.2.2 网络伦理的原则

原则可以看作操行的准则，是度量和评判人的行为和事件的标准。任何一个道德体系都有与之相适应的道德原则。道德原则是一定社会道德关系的本质概括，是社会经济关系的集中反映，表现了道德的社会本质和人们行为的基本方向。网络伦理的基本原则是统辖网络伦理规范、范畴等的基本要求，是网络行为及其事件评价的基本依据。作为网络伦理的基本原则，我们认为有以下四个原则：

1. 平衡原则

网络伦理的平衡原则是由互联网开放性、虚拟性、非中心化、自由平等精神、创造性和社会性的基本特征所决定的。正如网络基础架构完全开放的设计是为了共享信息而不是藏匿信息，网络社会的开放性、非中心化和创造性是以平衡为基础的，"一个以网络为基础的社会结构是具有高度活力的开放系统，能够创新而不至于威胁其平衡。"[②] 没有平衡，自由平等精神的网络社会最终无法达成共识，最终导致互联网的分裂。

道德的本质发轫于生活的冲突和失序，网络道德伴随着网络技术的生成、应用和规制引发社会生活的冲突和失序而产生。冲突的解决得益于一个科学、合理的平衡形成，网络伦理规范是某种境况下平衡的结果。现实空间与网络空间的冲突如何平衡？网络空间的自由和控制如何平衡？自由表达方式之个人权力与公共利益如何平衡？版权所有人和社会公众(知识共享的公众利益)使用之间的利益如何平衡？企业雇员的隐私权和公司的信息需求如何平衡？自由和安全之间如何平衡？等等。网络伦理学科的重要任务就是思考怎样有效地平衡这些冲突。

2. 公正原则

公正侧重的是社会的"基本价值取向"，并且强调这种价值取向的正

---

① 郑洁. 网络伦理问题的根源及其治理[J]. 思想理论教育导刊，2010(4)。

② 曼纽尔·卡斯特. 网络社会的崛起[M]. 北京：社会科学文献出版社，2003：570.

当性。公正概念与自由、平等、正义、公平密切相关。公正原则是基于网络自由平等精神和社会性特征的要求，如果一个人得到了公正的待遇，那么他也就享有了他所应当享有的一切自由。公正原则是互联网精神的体现。

公正原则内容包括：网络应该为一切愿意参与网络社会交往的成员（国家、机构和个人）提供平等交往的机会，应该排除现有社会成员之间所存在经济、政治、文化等方面的差异，为所有成员服务并接纳全体社会成员。公正原则要求个体网络用户在网络社会活动中，不得损害整个网络社会的整体利益，避免因自己的不当行为破坏网络环境，从而给别人造成不利的影响。同时公正原则要求网络社会决策和网络运行方式必须以服务于一切社会成员为最终目的，不得以政治、经济、文化和意识形态等方面的差异为借口，把网络建设成只满足社会部分人的需要的工具，并把另一部分社会成员排斥在网络社会之外。

随着互联网的不断发展和普及，互联网对国家和公民生活的影响日益增长，如何实现互联网的国际大分工和国际利益分配？如何形成对互联网的科学管理？这将凸显公平原则在网络伦理建设的重要意义。

3. 知情同意原则

"同意"是某人对某事自愿表示出意见一致的意思。要使同意有意义，前提必须是某人对某事"知情"，即他知道即将发生的事件的准确信息并了解其后果。知情同意原则在评价与信息隐私相关的问题时起很重要的作用。如果我们要使个人隐私得到保护，那么为某一目的而采集的信息，在没有得到信息主体自愿和知情同意之前，就不能用作其他目的。由此可见，如果互联网企业采集到有关客户购物的各种情况和购买习惯等数据，那么这些数据在没有得到客户的知情同意之前，就不能出售给其他供应商。客户应该被告知谁会得到这些数据以及将如何利用这些数据，在知道这些背景情况之后，客户才能做出同意或不同意的选择。当把信息作为商品并在计算机网络上自由交换有关个人的数据时，知情同意这一原则可以作为一个限制条件[①]。遵循知情同意原则不仅不会制约互联网业务的发展，相反会有

---

① 理查德·A.斯皮内洛. 世纪道德：信息技术的伦理方面[M]. 北京：中央编译出版社，1999：54-55.

利于互联网的创新。

基于网络的虚拟性、创新性，大量的网民和普通计算机用户往往很少，甚至不可能知晓所使用功能可能蕴含的各种风险，即使知晓也缺乏相应的应对知识。因此，知情同意原则不仅是对技术霸权有效限制的道德阀门，更是"虚拟"环境下"现实"的道德关怀。

4. 不伤害原则

不伤害原则可以被概括为一个道德禁令："首先，不要伤害。"根据这一核心原则，人们应当尽可能地避免给他人造成不必要的伤害或损伤。这一禁令有时被称为"道德底线"。然而，如果人们想提出一套道德行为准则，都必须给予这一禁令极其显著的地位。

不伤害原则要求网络主体的任何网络行为对他人、对网络环境，以至对网络社会至少是无害的，人们不应该利用计算机和网络技术，给其他网络主体和网络空间造成直接或间接的伤害。

1.2.3　网络伦理分析工具

拥有梦幻般传奇经历的苹果公司创始人乔布斯说："我愿意把我所有的科技去换取和苏格拉底相处的一个下午。"苏格拉底是古希腊著名思想家，"他把哲学从高山仰止高高在上的学科变得与人休戚相关"（西塞罗）。苏格拉底一生过着艰苦的生活，无论严寒酷暑，他都穿着一件普通的单衣，经常不穿鞋，对吃饭也不讲究。他认为，人的一生，最重要的也是最高尚的事情就是去探讨人生的目的和善的问题，一个未经考察的人生是不完美的人生。一个人要有道德就必须有道德的知识，一切不道德的行为都是无知的结果，苏格拉底由此建立了一种美德即知识的伦理思想体系。

什么是善？什么样的人生是值得过的？我们行为的理由是什么？苏格拉底之后的2000多年里，哲学家们围绕这些问题寻求解释并形成众多伦理学理论。研究者普遍认为，作为道德行为分析和伦理决策理论，作为人们思维实验的分析工具，康德的义务论、行为功利主义和美德伦理学是有效和可行的。

1. 康德的义务论

康德(1724—1804 年)，启蒙运动时期最重要的思想家之一，德国古典哲学创始人。他住在德国东北边境的一个老城柯尼斯堡城外的一条小巷里，一直是生活严谨和习惯固定的人，兴味索然地重复日复一日的生活：起床、喝咖啡、写作、授课、吃饭、散步，一切都有固定的时刻。邻居也都知道，康德手上拿着西班牙的拐杖走出家门时，时间准是下午三点半整……在这条菩提树道上他总是来回走八遍，不管季节如何，不管天气是否多云或即将下雨。

康德义务论伦理学属于典型的动机论。所谓动机论，就是强调一个行为的道德价值在于它的动机和意愿，而不在于它的效果和后果。举一个经典的例子，一家小杂货店的老板，特别诚实守信，童叟无欺。哪怕是五岁的孩子来打酱油，他也不会多收一毛钱，按照普通人的标准，这个老板的道德水准是不是相当不错？可是康德却会说不一定。他会追问对方的动机，如果这个老板诚实守信的动机就是这样做是对的，那么他的确是个有道德的人，但是如果他是担心多收了一毛钱后，孩子回到家里告诉父母，父母到网络上发帖子揭露整个事实，他的生意会从此一落千丈，那么康德会说，这个人的行为虽然看似符合道德规范，但动机不纯，所以依旧不是一个有道德的人[①]。在康德看来，人有好的意愿会经常做好事，但是产生有益的结果并不是让好的意愿变好，一个好的意愿本身就是好的，哪怕结果有不足和伤害，因为好的意愿是唯一的普遍的好东西。总之，一个行为是否符合道德规范并不取决于行为的后果，而是采取该行为的动机。

康德义务论伦理学的基本概念是"正当"，那么，什么样的行为才是正当的呢？康德认为，我们要做的是不重要的，我们应该关注我们应该做什么。行为的道德价值(正当性)取决于内在的道德法则是否合适。是什么使一个道德法则合适？康德用绝对命令给予回答。① 普遍化原则(绝对命令第 1 公式)："只依据那些你认可同时愿意它成为普遍法则的准则行动。"普遍化原则要求，每当人们要做出道德决定时，就必须首先自问："准许我将要实施之行为的规则是什么？"其次要问："这条规则能够成为一切人都遵行的普遍规则吗？"举例说来，如果一个懒汉这样想："我为什么要拼命劳

---

① 周濂. 打开[M]. 上海：上海三联书店，2019：469.

作求得生存？我何不偷窃？"如果此人懂得康德的要求，他就要自问支持偷窃这一企图的规则是什么。该规则必然是"我将永不劳作，而从别人那里偷取所需之物。"如果此人再把这个陈述普遍化，就是："谁都不该劳作，人人都应该偷取自己所需之物。"但如果无人劳作，就会无物可偷，那么，人们将如何生活？有谁可供偷窃？很明显不能适用于一切人，因而是不道德的①。② 目的原则(绝对命令第2公式)："总是以自己和他人作为目的本身来行动，绝对不能只是当成手段。"简而言之：人是目的，不是手段。一个人"使用"另一个人是不道德的。

我们可以为了一个饥饿的孩子去偷盗食物吗？这个行为包含两个冲突的规则："我们不应该偷盗"和"我们应该努力挽救人的生命"。面对两条冲突的规则，康德区分了完全义务和不完全义务，如果两种义务发生冲突，完全义务需占上风。按照康德的观点，不应该偷盗，我们有完全义务；帮助别人，我们有不完全义务；是故，为饥饿的孩子去偷盗食物是错误的。那么问题来了，如果冲突发生在两个完全义务之间呢？康德的义务论便无法为我们的行为抉择提供道德理由。康德义务论的局限性显而易见。

2. 行为功利主义

在西方伦理学史上，英国边沁和密尔的"功利主义"属于典型的效果论，与康德义务论伦理理论的"动机论"形成鲜明对比。效果论认为人的行为的道德价值取决于效果，判断和评价行为的道德价值无须考察动机，只要看它的效果。密尔认为："功利主义所主张的动机，虽与行为的品格关系很大，但与这个行为的道德性无关。"他以救孩子为例，认为"不论动机如何，把孩子救了回来，其行为就是善的。"行为道德与行为背后的态度无关。② 边沁写道："没有任何一件事情本身动机是坏的，动机的好坏只在于它们所产生的影响。"倘若一种行为所带来的好处超过其坏处，那么这样的行为就是好的；倘若一种行为所带来的坏处超过其好处，就是不好的。

行为功利主义伦理学的基本概念是"好"，那么，什么样的行为才是好的呢？人们对于"好"如何评判？行为功利主义提出了效用原则(最大幸福

① 雅克·蒂洛，基思·克拉斯曼. 伦理学与生活[M]. 9版. 程立显,等,译. 北京：世界图书出版公司，2008：54-55.

② 朱贻庭. 伦理学大辞典[M]. 上海：上海辞书出版社，2011：12.

原则)：一种行为不论是正确的还是错误的，它的增加或者减少都会影响整体的幸福感，即"最大多数人的最大幸福"。人们一切行为的准则取决于是增进幸福抑或减少幸福的倾向，不仅私人行为受这一原理支配，政府的一切措施也要据此行事。按照边沁的看法，社会是由各个人构成的团体，其中每个人可以看作组成社会的一分子。社会全体的幸福是组成此社会的个人的幸福的总和。社会的幸福是以最大多数的最大幸福来衡量的。如果增加社会的利益即最大多数的最大幸福的倾向比减少的倾向大，这就适合效用原则。假设我们用正数来衡量快乐，用负数来衡量痛苦，为了制定道德行为的评价标准，我们可以简单地对受影响群体的幸福感进行运算，效果如果是正数，那么这种行为就是好的；如果总数是负值，那么这种行为就是坏的。

密尔继承了边沁的功利主义，同时对功利主义做了修正。在他年近 60 岁时所写的论文《功利主义》中，他认可了许多人的说法，人生没有比快乐更高的价值只是与猪相配的一种学说。他回应道，"拒绝人类具有比人与动物共有的能力更高的能力是愚蠢的""与其做一头满足的猪，不如做一个不满足的人""与其做一个满足的蠢人，不如做一位苏格拉底"。这使得我们不仅要区分快乐的数量，而且要区分快乐的质量①。密尔认为功利(快乐)不能像边沁那样只从量的方面考虑，还应从质的方面考虑，不能只追求感性的满足，还应追求精神的、理性的满足。密尔认为，能够为他人放弃自身的幸福是高尚的，如果不相信英雄或殉道者的牺牲能够增加世界的幸福数量，那么他们如何可能牺牲？他强调功利主义在行为上的标准的幸福，并非行为者一己的幸福，而是与此有关系的一切人的幸福。当你待人就像你期待他人待你一样，爱你的朋友就像爱你自己一样，那么，功利主义的道德观就达到理想状态。

虽经过密尔的修正，但行为功利主义的缺陷仍无法完全被修复，详尽的讨论分析在本章的"拓展阅读"呈现。

3. 美德伦理学

美德伦理学的代表人物是古希腊亚里士多德和现代西方伦理学家麦金

---

① 安东尼·肯尼. 牛津西方哲学史. 第四卷·现代世界中的哲学[M]. 梁展，译. 长春：吉林出版集团有限责任公司，2010：253.

太尔等。与康德义务论和行为功利主义起源于启蒙运动不同，美德伦理学可以追溯到古希腊。

对美德最有影响力的论述是亚里士多德的《尼各马可伦理学》，这本书开篇就提出这样的问题：什么是美好的生活以及如何才能过上这种生活？亚里士多德认为美德是人类通往真正的幸福、过上美好生活的道路。过去几十年里，美德伦理学在一些道德哲学家批判康德义务论和功利主义过程中获得复兴。无论是义务论，还是功利主义，都忽略了道德生活的一些重要方面，如道德教育、道德智慧、家庭和社会关系以及情感的作用。传统的美德伦理学的基本判断是以品质为中心，正当的行为就是有美德的人在那种场合中倾向于做的行为。麦金太尔基本继承了这一传统，认为只有拥有美德的人才可能了解如何去运用道德法则。伦理学的首要任务是告诉人们如何认识自己的生活目的，并为实现一种善的生活目的而培养人的内在品格和美德。

美德伦理学的基本概念是"美德"。亚里士多德认为，美德并非天生，而是凭实践而获得，因不用而丧失。亚里士多德表示，像公正、节制这一类行为之所以正确，不仅因为它合乎规范，更因为它是由有美德的行为者做出的。只有当行为者出于公正、节制等内在品质而行动，他的行为才能被称为公正或节制，否则，这些行为只不过"看上去是"公正或节制而已。他认为美德分两种：理智美德和伦理美德。理智美德是与推理和真理相关的美德，而伦理美德是通过重复相关良好行为而形成的习惯或性情。我们可以通过习惯性地讲真话、做其他诚实行动来培养诚实的品格。理智美德和伦理美德不可分割地联系在一起，如果没有理智美德，就不可能有真正的善；如果没有伦理美德，就不可能有真正的明智。理智美德使推理成为善的，伦理美德使欲望成为善的[①]。比如，一个诚实的人会认为说实话是理所当然的事，他们甚至在产生做一些虚假的事情的念头时都会不舒服，他们也不会答应别人加入不诚实的行为中。亚里士多德还告诉我们，表现伦理美德的行动，会避免过度或不及之处。例如，一个节制的人，既会避免饮食过量，也会避免饮食太少。美德选择介于过度与不及之间，饮食讲究

---

① 安东尼·肯尼. 牛津西方哲学史. 第一卷·古代哲学[M]. 王柯平，译. 长春：吉林出版集团有限责任公司，2010：322.

适量。亚里士多德说，幸福源于有美德的生活。同时，美德的用途或效能构成幸福的活动，善良的人是拥有和实践美德的人，美德是人类为了达到繁荣和真正快乐而必须有的性格特征，只有"美德"才能让人过上美好生活。

迈克尔·斯洛特认为，美德伦理学是完全从个人的内在动机、个人的品格品德或个人的基本德性来看待行为的道德或伦理地位的伦理学方法。或者说，美德伦理学是完全从个人基本的品格品德事实出发来评价行为的道德特性。有美德的人做合乎道德之事或高尚之事，仅仅因为他这个人有着内在的品德。换言之，有德之士不是因为他通过慎思考虑克服了内在的障碍，而是从他的本性上看就能够做出合乎高尚的或道德要求的行为。有美德的行为既可以作为道德评价和道德判断的标准，也可以作为道德培养的目标，而将有美德作为道德教育的目标就是告诉我们应当成为怎样的人[①]。美德伦理学在关注行为者的同时，亦考虑行为（如康德主义）和行为的后果（如功利主义）。好人"在正确的时间，有正确的原因，做正确的事情"。

美德伦理学有若干优点：① 它力图造就善良的人，而不光是善良的行为或规则；② 它力图将理性与情感统一起来；③ 它强调适度，这是许多伦理学家所赞扬的品质[②]。然而，美德伦理学也并不完美，存在以下不足：① 我们不是生活在一个同质化的社会中，关于哪些品德构成美德，以及一个善良的人应该做什么难以达成共识；② 人们对其所有不良行为承担责任的合理性问题。美德并非天生，在很大程度上，一个人获得的美德取决于家庭、学习和社会环境，人的成长环境都在可控范围之外，在这种情况下，如果一个人染上了恶习而没有美德的话，我们为什么要让他（她）负责任呢？

现在，我们尝试把康德的义务论、行为功利主义和美德伦理学的差异性做一个简单的比对，如表 1-2 所示。

---

① 龚群. 也谈何为德性伦理学——兼与陈真教师商榷[J]. 社会科学辑刊，2017(5).

② 雅克·蒂洛，基思·克拉斯曼. 伦理学与生活[M]. 9 版. 程立显，等，译. 北京：世界图书出版公司，2008：74.

表1-2　康德的义务论、行为功利主义和美德伦理学的差异性

	义务论伦理学	功利主义伦理学	美德伦理学
起源	启蒙运动	启蒙运动	古希腊
基本概念	正当	好	美德(德性)
研究对象	(行为)动机	(行为)效果	行为者
代表人物	康德	边沁、密尔	亚里士多德、麦金太尔
价值承载者	正当的行为	事态	有美德的人
原则(法则)	绝对命令	功利	美德

我们行动充分有效的道德理由是什么？康德义务论告诉我们"你应当采取行动A，因为行动A可以成为一条可普遍化的行动法则"，功利主义伦理学主张"你应当采取行动A，因为行动A可以实现最大多数人的最大快乐"，假如你抱有"你应当采取行动A，因为行动A是出于(诸如公正、节制等)优良品质的行为"信念，那么，你就是一个亚里士多德主义(美德伦理)者[①]。

1.3　案例分析讨论：罗一笑事件

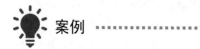

案例 ••

2016年1月，罗尔就职的杂志社停刊，他一下子成了闲人。这一年，"父亲的身体一天不如一天，一度卧床不起，母亲年纪老迈，已无力照顾父亲"。屋漏偏逢连夜雨，9月8日，5岁多的爱女笑笑查出了白血病，住进了深圳市儿童医院。从笑笑入院起，罗尔就将一家人与白血病"战斗"的历程写下来，陆续在自己的公众号"罗尔"上发表。文章发到朋友圈后，大家慷慨解囊，为笑笑最初的医疗费提供了保证。到9月21日，关于笑笑的几篇文章的赞赏金已达32 800元。经过两个多月的治疗，眼看笑笑的病

---

① 李义天. 美德伦理的道德理由及其基础[J]. 道德与文明，2016(1).

情一步步得到控制，没想到却不幸被感染，病情转危。11 月 23 日，笑笑住进重症监护室。每天上万元的花费让罗尔第一次感到了恐慌。经过反复思考，罗尔最终选择了网络筹款的方式。

"要是你不乖乖回家，就算你是天使，就算你跑进天堂，有一天我们在天堂见了面，爸爸也不理你。" 2016 年 11 月 25 日，一篇名为《罗一笑，你给我站住》的文章刷爆朋友圈。11 月 27 日，深圳市小铜人金融服务公司 (简称小铜人) 微信号 "P2P 观察" 发文称，只要转发《罗一笑，你给我站住》一次，小铜人即给笑笑捐助 1 元钱 (保底捐赠 2 万元，上限 50 万元)，文章同时开设赞赏功能，赞赏金全部归笑笑。

微信公众平台对赞赏功能设定了单日 5 万元的金额上限，超过额度用户就不能进行赞赏。自 11 月 29 日起，《罗一笑，你给我站住》一文阅读量快速上涨，并导致赞赏资金猛增，达到每日 5 万元的上限，赞赏功能暂停。11 月 30 日零点，赞赏功能自动重新开启，在短时间内，大量用户给公众号 "罗尔" 进行赞赏，由此触发系统 Bug，导致单日 5 万元限制失效，到 11 月 30 日 1:20 分赞赏超过 200 万元。由于实际赞赏金额远远超过设定的 5 万元上限，经慎重考虑，平台对超额部分进行了暂时冻结。

随后，女孩的父亲罗尔被质疑做了这场带血的营销。网民恼怒这个有三套房两辆车的男人利用大家的同情心 "骗" 手术费。网友观点分成了两派：一派批评罗尔借女儿炒作没有人性，另一派认为不论是否炒作，孩子病能够好起来最重要。

12 月 1 日，深圳儿童医院发布了罗尔女儿治疗费用说明。通报称，截至 11 月 29 日，3 次住院总费用合计为 204 244.31 元，其中医保支付 168 050.98 元，自付 36 193.33 元。

最终经深圳市民政局、刘侠风 (小铜人创始人)、罗尔、腾讯四方面协商，将所获资助共计 2 626 919.78 元原路径退还给网友。

12 月 24 日早上 6 时，与白血病病魔战斗了 107 天的罗一笑没能挺过平安夜，经抢救无效不幸离世。

【分析】

为了对这一案例进行有效分析，我们首先确定讨论围绕救助罗一笑网络筹款事件本身，不涉及次生事件（如反转后的人肉搜索、网络暴力等），进而确定伦理相关行为主体有罗尔、小铜人理财、赞赏（转发）用户和腾讯（微信团队）。

罗尔，作为父亲，是一个怎样的父亲和公众形象？是一个借女儿炒作没有人性的人吗？如果不是，为何不能拥有道义的支持？人到中年失业，父亲卧床不起，女儿患白血病……亏欠和痛苦迸发："耶稣，你要是不让我女儿活蹦乱跳地回到家中，你要是让我父亲未能体会到我的孝心，就悲凉地离世，我，就不信你了，必将做你永远的敌人，你别用地狱吓我，我不怕！"文章《耶稣，请别让我做你的敌人》于 2016 年 9 月 13 日发表在"罗尔"运营的微信公众号上。文章最后，罗尔还注明："前天，一个无钱医治新生儿白血病的母亲，抱着孩子离开了儿童医院。此事促使我决定，将本公众号建成关注白血病患儿群体的平台，所得赏金，用于资助白血病患儿。"这里，我们看到的是一个动机淳朴良善，有责任爱心美德的父亲。11 月 27 日，当罗尔把系列文章通过小铜人微信号"P2P 观察"推送求打赏便失去了道义。第一，动机不纯（回想一下康德义务论）。人们自然联想，系列文章塑造罗一笑可爱可怜和父亲负责无奈的形象，其目的是在博取公众的同情以获取网民的打赏，父亲罗尔在微信朋友圈"卖文救女"，难怪网友这么评价。第二，缺乏诚信美德（回忆一下美德伦理学）。罗尔隐瞒了家庭经济实力、大额医疗保险和自费医疗费用支出不大的事实，以"无限的悲凉与无奈"的形象通过网络营销为女儿治病募集医疗费，严重背离社会主义核心价值观，缺失基本的公民美德。第三，有违道德目的原则（想想康德的绝对命令）。罗尔勾连小铜人理财，把网民的同情和善良、病重的家人当作营销牟利工具，怎不让人心寒？！第四，社会信任危机后果（想想功利主义的效果论）。"如果放任善良被肆意窃取变卖，让大众一次次经历'狼来了'式的愚弄，最终恶果便是整个社会的信任被透支。这种社会信任的透支将导致真正需要帮助的孩子在怀疑中失去求生的最后机会"[①]。最后，是精致的利己主义。营销设计精巧，工具是流行的微信公众号，从最初的"将本公众号建成关注白血病

---

① 月光. 罗一笑事件拷问人性道德的底线[EB/OL].(2016-12-01)[2019-07-30]. https://www.williamlong.info/archives/4808.html.

患儿群体的平台，所得赏金，用于资助白血病患儿"到"全部归笑笑"，最终饱一己私利。罗尔人设的坍塌印证了古语：好船者溺，好骑者堕，君子各以所好为祸。

小铜人理财公司不仅为罗一笑募集医疗款，而且公司自己也要掏出真金白银（保底捐赠 2 万元，上限 50 万元），为什么说它搞"带血的营销"？关乎怎样的坏？"不论是谁，在任何时候都不应把自己和他人仅仅视为工具，而应该永远看作自身就是目的"。小铜人把人们的善良和女孩的病患作为工具以达到推广企业商誉、获得更多的商业利益的目的，这是第一坏；小铜人真心想帮助女孩笑笑，可以直接捐赠表达善心，然而小铜人选择了用慈善做营销，不管是出于好心还是别有用心，交易背后消耗的是大众的信任，透支社会的爱心，这是第二坏；慈善就是慈善，慈善不容亵渎，用慈善做营销，让从质疑声中一路走来的慈善事业再遭质疑损毁，这是第三坏。

无论你是康德主义者、行为功利主义者还是美德伦理理论支持者，对赞赏（转发）用户行为都会持不同程度的肯定意见。事件真相曝光之后，有的用户感觉被愚弄，被利用，甚至有点小愤怒，其实大可不必。第一，不忘初心，方得始终。我们打赏、转发微信帮助女孩笑笑的初衷是善意的正当的，这件事没有错，就算是被人利用了，也不代表我们"助纣为虐"了。康德告诉我们，我们要做的是不重要的，我们应该关注我们应该做什么。善心是珍贵的，它夯实社会的良心。第二，算计每个道德决策是不切实际的。有学者以该事件为例，认为正确的行为是在献出爱心之前，不惜花费时间成本，多查一些资料，多问几个为什么。这显然是事后诸葛亮，不切实际的空谈。先不问查询的总成本是多大，或许你还没有得到所要的答案，需要帮助的人已经错过了最佳时机，导致了一个最坏的结果。第三，你是充满爱心的善良人。美德凭实践而获得，因不用而丧失。正当的行为就是有美德的人在那种场合中倾向于做好的行为，当你为需要帮助的人而感动并提供帮助就应义无反顾。美德是一种习惯，你不需要算计，更不会因为人们的质疑而困惑甚至后悔。

现在，我们讨论事件的最后一方——腾讯。微信是腾讯公司于 2011 年 1 月 21 日推出的一个为智能终端提供即时通讯服务的免费应用程序，提供公众平台、朋友圈、消息推送等功能。在该事件中，微信公众号的打赏和赞赏功能给需要帮助的人们提供了一条快捷、低成本的救助通道，给善良的人们提供了便捷献爱心的路径，无疑是一种好。在此事件中，腾讯的"坏"至少有两点：一是社会责任心不足。互联网对资讯和事件具有快速的传播和放大功能，互联网企业应担负相应的社会责任，如监管、信息有效鉴别和过滤，以避免虚假信息给受众造成误导。涉及"慈善"性质的募集资金事件，微信团队有责任就事件的真实性、募集方的财务状况做一个鉴别（募集方也有义务提供相关信息给微信团队），而不是交给用户。随着大数据、云计算和人工智能技术的广泛运用，腾讯这样的互联网巨头，可以也应该做到，为用户提供尽可能少甚至不用花费算计成本而正确行善的空间，确保网络公益的透明化。二是技术的缺陷。或许出于对透支社会爱心等因素的防范，微信公众平台对赞赏功能设定了单日 5 万元的金额上限，而事实是系统的 Bug 导致 80 分钟内赞赏超过 200 万元，使事件升级并被放大。

【讨论】

　　假设：（1）巨额赞赏费用被使用后，罗一笑的病情得到了有效治疗。

　　　　　（2）网络筹款的发起人不是罗一笑的父亲，而是幼儿园的老师。

你如何评析涉事各方呢？

1.4　拓展阅读

行为功利主义反面案例

（1）在进行功利主义计算时，在哪里划界并不清晰，然而不管我们在哪里划界都可以改变评价的结果。

为了进行由行为产生的净幸福感的计算，我们必须确定谁要参与计算以及将来何时探究结果。在高速路的例子中，我们计算失去家园的人数和那些在以后的 25 年里将要使用高速路的人数。高速路的建设可能会把周围的人分成两组，孩子们上学更加困难，但是我们并没有把结果因素考虑进去。高速路的建设可能会改变人们的判断，增加了城镇其他地方的交通阻塞问题，但是我们也没有把这部分人算进去。高速路可能会存在 25 年之久，但是我们并不期盼那个时候的到来。我们不可能随时把道德相关的存在囊括进未来。我们必须在某些其他地方划界。确定在哪里划界是一个非常困难的问题。

(2) 在每个道德上决定投入很多精力是不实际的。

正确进行功利主义计算我们需要投入大量的时间和精力。这似乎并不现实，因为在人们面临道德问题的时候，往往会遇到很多麻烦。

对于这一批判的一种回复就是行为功利主义总会提出经验原则。例如，有一条经验原则是这样的：撒谎是错误的。在大多数情况下，很显然，这个原则是正确的。即使不进行完整的功利主义计算也是正确的。然而，行为功利主义总是保留违反经验原则的权利，如果特定情况应该对其进行必要保障。在这些案例中，行为功利主义需要对结果进行详细的分析，确定行为的最佳做法。

(3) 行为功利主义忽视了人们与生俱来的使命感。

功利主义似乎与普通人如何做道德决定的方式矛盾。人们的行为都会带有使命感，但是行为功利主义理论却认为这种使命感无足轻重，反而认为所有的事物都是行为的结果。

W.D. 罗斯举出这样一个例子。假设我对 A 已经许诺，倘若我遵守诺言，那么我这样行为的发生可以为被许诺者带来 1000 单位的好处。如果我食言，我就做出一种可以为 B 带来 1001 单位的好处。根据功利主义理论，我就应该对 A 食言并且为 B 带来 1001 单位的好处。然而大多数人都认为正确的行为方式就是我遵守诺言。

其实，对于功利主义者来说，他们会产生一种很矛盾的心理，这种心理是由于自己没有对 A 信守承诺而产生的，而这种心理将会对总体的幸福感(N 单位)产生消极的影响，这种情况并没有好处。因为我做的所有事情就是要改变场景，虽然我没有对 A 信守承诺，但是这样我可以为 B 带来 1001 单位的好处，即不信守承诺比信守承诺多带来 1 单位的好处。真正的问题在于功利主义迫使我们把所有的结果都归到一个正数或者负数，但是"做正确的事情"的价值很难进行量化。

（4）我们无法预测行为结果的确定性。

在进行功利主义计算时，我们可以确定这种行为所带来的可能结果，但是我们可能会误判其确定性、强度以及这种结果所持续的时间。这种行为可能会产生其他不可预见的结果，以至于我们忘记进行计算。这样的错误可能致使我们去选择行为的错误方面。

（5）行为功利主义易受道德运气问题的影响。

我们之前提到过，有时行为会产生不可预见的结果。那么试问在这些结果不完全受道德主体控制的情况下，对于一种行为的道德价值来说仅仅依靠其结果是正确的吗?这就叫做道德运气问题。

假设我听说我的阿姨住院了，我送她一束鲜花，她收到鲜花之后，由于对某种外来品种的鲜花不适应而产生严重的过敏反应，继续留院观察。我送的礼物非但没有产生好的结果，反而让阿姨的情况更加糟糕，在医院花费更多。因为我行为的结果产生的消极影响大于积极影响，功利主义者就会认为我的行为是坏的，这似乎很不公平!

虽然功利主义并不完美，但却非常客观。理性伦理理论认为可以允许人对特定行为的对与错进行解释。在合理可行的伦理理论体系中，我们还可以应用康德哲学来评价道德问题。

（6）功利主义迫使我们应用单一衡量标准去全面评价不同的结果。

为了进行功利主义的计算，所有的结果都会以同样的单位进行衡量。此外，我们无法将它们叠加。比如，如果我们要计算修建新公路所产生的幸福感总量，很多成本和收益(如修路成本、司机的汽油花销)可以很容易用美元表示。其他成本和收益是无形的，但是我们还必须将其用美元的形式表示出来，为的就是计算出这个项目创造或毁坏的幸福感总量。假设社会学家告诉国家150户家庭需要迁居他处，那么这样的行为很有可能引起5户人家的婚姻破裂。那我们如何把1美元的价值惠及这不幸的结果上呢?在某些情况下，功利主义者必须对生命进行量化。那么生命的价值又是如何用金钱进行量化衡量呢?

（7）功利主义忽视了有利结果不公平分配的问题。

对功利主义的批判，即功利主义的计算完全着重于所产生幸福感总量的计算。假设一个行为导致社会的每一个成员都得到 100 单位的收益，而另一个行为则导致社会半数成员得到每人 201 单位的收益，而剩下半数成员分文没有。根据效用计算原则，第二种行为更好，那是因为全体幸福感更高。但是很多人都认为这样的行为是不对的。

这种批判的一种解释就是我们的目标是为更多人争取最大限度的收益。事实上，这就是功利主义。一位这种理论的支持者可能会说我们应该运用这两种原理来指导我们的行为：① 我们的行为应该以最大限度产生收益为目的；② 我们应该更加广泛地分配这些收益。这些原则的第一条就是效用原则，第二条就是分配公平原则。

（来源：迈克尔.J.奎因. 互联网伦理：信息时代的道德重构[M]. 王益民，译.

北京：电子工业出版社，2016：41-43，48-49.）

富兰克林的十三项美德的名称及其箴言

(1) 节制——进食不过多，饮酒切勿过量。

(2) 静默——对人对己若无益，切勿开口。

(3) 有序——各种物品必居其所，每件事物必得其时。

(4) 决心——决心做该做之事，既下决心务必行动。

(5) 节俭——对人对己若无益，切勿花费；亦决不浪费。

(6) 勤勉——分秒必争，始终埋头于有益之事，杜绝一切无谓之举。

(7) 真诚——杜绝有害的虚假和欺骗行为；思想无害而公正，言谈亦然。

(8) 公正——不做害人的事情，不要忘记履行对人有益而且又是你应尽的义务。

(9) 中庸——避免极端，切勿追求"受害多大，报复多大"。

(10) 清洁——决不容忍身体、衣服和住处的任何污秽。

(11) 平静——不为琐事而烦恼，不为一般事故或不可避免的事故所烦扰。

(12) 贞节——若非健康或繁育子嗣之需，少行房事；决不因纵欲而致呆滞、虚弱，或损害自己或他人的平静与声誉。

(13) 谦卑——效法耶稣和苏格拉底。

富兰克林的方法是：每次集中注意力于一项美德习惯的养成，直至完全精通全部十三项美德。正是为了这一宗旨，富兰克林把十三项美德排序如上。

（来源：雅克·蒂洛，基思·克拉斯曼. 伦理学与生活[M]. 程立显，刘建，等，译.

上海：世界图书出版公司，2008：79.）

第2章

Web 1.0 及其伦理

当技术迅速演变时，社会会发现自己落后了，并试图在伦理、法律和社会含义上迎头赶上。万维网的情况也不例外。

——伯纳斯·李

2.1　Web 1.0

2.1.1　Web 1.0 的特征

1991 年 8 月 6 日，伯纳斯·李建立的第一个网站(http://info.cern.ch)上线，它解释了万维网是什么，如何使用网页浏览器和如何建立一个网页服务器等。这是世界上第一个网站，这一天因此被认为是万维网作为互联网公共服务的初次亮相。万维网(World Wild Web)通常指的是网页和网站，现在已经是互联网的代名词，也是互联网中重要的核心部分。Web 技术提供一个可以突破时空局限、交流各种信息的互动平台，使得用户无论身在何处，都能够通过网络充分共享全社会的智慧。到目前为止，万维网也经历了 Web 1.0 到 Web 3.0 的发展过程。

Web 1.0 伴随互联网商业化迈开步伐，商业化成为其阶段特征。与 NSFNET 科研教育时期的学术属性不同，Web 1.0 更多表现为媒体属性。

Web 1.0 的主要特征是大量使用静态的 HTML 网页来发布信息，并开始使用浏览器来获取信息，这个时期主要是单向的信息传递。通过 Web 万维网,互联网上的资源,可以在一个网站的一个网页里比较直观地表示出来,而且资源之间在网页上可以任意链接。在 Web 1.0 时代,通过商业的力量,网站把信息放到网上去,这些信息只能阅读,不能添加或修改,作用相当于图书馆。

Web 1.0 还有以下几个特征:

(1) Web 1.0 基本采用的是技术创新主导模式,信息技术的变革和使用对于网站的新生与发展起到了关键性的作用。新浪最初就是以技术平台起家,搜狐以搜索技术起家,腾讯以即时通讯技术起家,盛大以网络游戏起家,在这些网站的创始阶段,技术性的痕迹相当之重。

(2) Web 1.0 的盈利都基于一个共同点,即巨大的点击流量。无论是早期融资还是后期获利,依托的都是为数众多的用户和点击率。以点击率为基础上市或开展增值服务,受众的群众基础,决定了盈利的水平和速度,充分地体现了互联网的眼球经济色彩。

(3) Web 1.0 的发展后期出现了向综合门户合流的趋势,许多知名网络公司如新浪与搜狐、网易等都纷纷走向了门户网站。这一情况的出现,在于门户网站本身的盈利空间更加广阔,盈利方式更加多元化,占据网站平台,可以更加有效地实现增值意图,并延伸至主营业务之外的各类服务。

(4) Web 1.0 的合流同时,还形成了主营与兼营结合的明晰产业结构。新浪以新闻+广告为主,网易拓展游戏,搜狐延伸门户矩阵,形成以主营作为突破口,以兼营作为补充点的发展模式。

2.1.2 Web 1.0 时代 IT 创新:网景、雅虎、谷歌

1. 网景浏览器:第一个图形 Web 浏览器

浏览器即网页浏览器(Web Browser),是一种用于检索并展示万维网信息资源的应用程序。在没有浏览器的年代,人们检索并展示信息用的界面简单又抽象(见图 2-1)。这些信息资源可以是网页、图片、影音或其他内容,它们由统一资源标志符标示。随着万维网的普及,人们对 Web 浏览器的需求也随之上升。在众多新生的浏览器中,Mosaic 是最耀眼的一个。

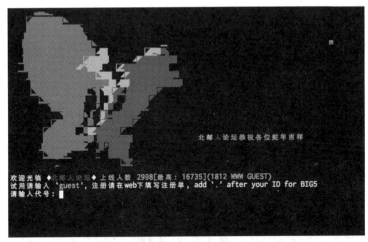

图 2-1　没有浏览器的年代：简单又抽象的界面

1993 年，22 岁的马克·安德森(美国伊利诺伊大学香槟分校一名本科生)发明了 Mosaic 浏览器，这是第一个支持在文本中直接显示图片的浏览器——其他浏览器需要将图片转换为一个图标，用户单击图标后再在一个帮助软件中下载并显示图片。1994 年底，脱胎于 Mosaic 的网景浏览器 Netscape Navigator 才将蒙住互联网的幕布彻底撕开(见图 2-2)。人们上网的门槛被大大降低，互联网之后的种种变化才有了可能。

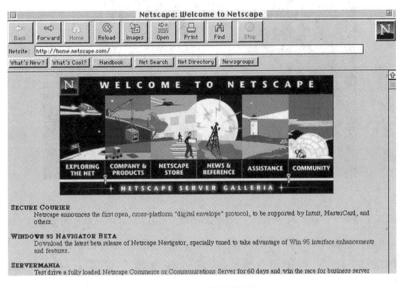

图 2-2　网景浏览器

　　网景 90% 的市场占有率和资本市场上惊人的成功引来了微软的注意，这家软件巨头仅在网景首次公开募股一周后就发布了第一代 IE 浏览器，开启了 20 世纪 90 年代的浏览器大战。一开始网景不以为意，时任 CEO 马克·安德森还曾说：“这将是一场混战，而幸运之神在我们这边。”面对微软，马克·安德森毕竟太年轻。微软将 IE 与 Windows 捆绑销售，而网景没有操作系统可以依赖，只有产品。问题是，在 IE 面世之后，“从任何出发点看，网景与微软的产品都无法区分开来”。尽管 2000 年联邦法庭裁定微软违反“反垄断条例”，那时的网景大势已去。

2. 雅虎公司

　　雅虎是两位斯坦福大学的研究生大卫·费罗和杨致远于 1994 年 1 月创建的。当时，两人一边写博士论文，一边上网。两人都是相扑迷，就把网上看到的网站记录下来。不久，记录下的网站越来越多，杨致远建议将它们进行分类，并建个目录，于是，建立了一个名为“杨致远和费罗的万维网概览”的网页，网页很受欢迎，到了 1994 年年底，雅虎已经有了 100 万的点击量，费罗和杨致远意识到他们的网站拥有巨大的商业潜力，于是在 1995 年 3 月成立了雅虎公司(见图 2-3)。

图 2-3　雅虎

　　Yahoo 这个词被认为是“Yet Another Hierarchically organized/officious oracle”的简称，意味着“另一个层次化的神谕”。不过，费罗和杨致远更愿意说，之所以选择这个名称，是因为《格列佛游记》中名为“Yahoo”的物种与人类极其相似，它代表一个在外表和行为举止上都非常讨厌的家伙。还有一种说法，费罗和杨致远坚持他们选择这个名称的原因是他们喜欢字典里对 Yahoo 的定义"粗鲁，不通世故，粗俗"。

雅虎是美国著名的互联网门户网站，也是 20 世纪末互联网奇迹的创造者之一。其服务包括搜索引擎、电邮、新闻等，业务遍及 24 个国家和地区。雅虎也是一家全球性的因特网通讯、商贸及媒体公司。雅虎是全球第一家提供因特网导航服务的网站，总部设在美国加州圣克拉克市，在欧洲、亚太区、拉丁美洲、加拿大及美国均设有办事处。雅虎是最老的"分类目录"搜索数据库，也是最重要的搜索服务网站之一。

3. 谷歌公司

谷歌(见图 2-4)是一家典型的硅谷公司，它是由两位斯坦福大学的博士生拉里·佩奇和谢尔盖·布林于 1998 年创立的。

1996 年，他们正在进行一项关于网页搜索项目的研究，开发了一个对网站之间的关系做精确分析的搜索引擎。该网站通过检查网页中的链接来评估站点的重要性，其精确度远胜当时的搜索技术。两人起初把网站命名为 BackRub，后来改为 Google。Google 一词来源于 googol，本意是 10 的 100 次幂(方)，象征着为人们提供搜索海量信息的决心。

图 2-4　谷歌标志

1999 年下半年，谷歌网站"Google"正式启用，2010 年 3 月 23 日，谷歌宣布暂停在中国大陆市场的搜索服务。在 2015 年度"世界品牌 500 强"排行中，谷歌位列榜首，并连续几年在《BrandZ 全球最具价值品牌百强榜》夺取桂冠，超越苹果和亚马逊。

谷歌作为跨国科技企业，业务包括互联网搜索、云计算、广告技术、人工智能等，同时开发并提供大量基于互联网的产品与服务。谷歌公司的行为准则是"拒绝邪恶的事物"，并将"整合全球信息，使人人皆可访问并从中受益"作为使命。

谷歌人工智能因阿尔法围棋(Alpha Go)为世人熟知。2016 年 3 月，阿尔法围棋与围棋世界冠军、职业九段棋手李世石进行围棋人机大战，并以 4 比 1 的总比分获胜，一时间阿尔法狗全球刷屏；2016 年末至 2017 年初，该程序在中国棋类网站上以"大师"(Master)为注册账号与中日韩数十位围棋高手进行快棋对决，连续 60 局无一败绩；2017 年 5 月，在中国乌镇围棋峰会上，它与当时排名世界第一的世界围棋冠军柯洁对战，以 3 比 0 的总比分获胜。围棋界公认阿尔法围棋的棋力已经超过人类职业围棋顶尖水平。

其实，除了阿尔法围棋(Alpha Go)，谷歌还有很多人工智能应用技术，如谷歌眼镜、自动驾驶、流感预测系统、Google Photos 等，当然还有备受争议的人工智能武器。2017 年 4 月，媒体曾披露了一份时任美国国防部长沃克(Bob Work)所写的备忘录。在备忘录中，沃克写到谷歌公司参与了五角大楼的一项名为 Maven 的项目。该项目旨在利用 AI 技术，帮助国防部门从图像和视频中提取值得关注的对象。此事曝光之后，随即就引起了包括谷歌内部员工在内的各界人士对谷歌公司的指责，4000 多名谷歌员工也因此曾联名写请愿信，要求谷歌立即终止与美国军方的该项合作。最终，在内外压力下，谷歌宣布，公司将明确禁止把 AI 技术用于武器研发、侵犯人权等用途，并正式退出之前与美国军方合作过的 Maven 项目。谷歌公司 CEO 皮查伊(Sundar Pichai)于当地时间 6 月 7 日早上发布了谷歌关于使用人工智能(AI)的七项指导原则，其中包括不会将 AI 技术应用于武器开发、不会违反人权准则将 AI 技术用于监视或收集信息、不会因 AI 技术引发或加剧社会不平等。

2017 年 12 月 13 日，谷歌正式宣布谷歌 AI 中国中心(Google AI China Center)在北京成立。

2.1.3　Web 1.0 的伦理意蕴

第一，人的解放。"人的解放在很大程度上取决于其所获信息量的大小，因此，信息量的大小也是衡量人的解放程度的重要维度之一。"[①]信息是人赖以生存、生产和生活的最重要的元素之一。它不仅包括文字、语言、图像，而且包括知识、技术、技能，甚至还包括一切物质世界和精神世界的

---

① 孟建伟. 互联网与人的解放[J]. 北京行政学院学报，2017(5).

各种状态和特征等。从某种意义上说，人类的发展史既是一部不断开拓其时空活动界域的历史，同时又是一部不断拓宽获取外部世界信息的历史。万维网的发明为人类信息的共享提供了一个崭新的平台。网景浏览器信息资源呈现的工具性、雅虎信息资源的聚集、Google 对信息资源的整合及访问……这一切在为我们展现出美好的信息社会前景的同时，促进了人的解放。

第二，科技创新。科技创新是原创性科学研究和技术创新的总称，是指创造和应用新知识、新技术和新工艺，采用新的生产方式和经营管理模式，开发新产品，提高产品质量，提供新服务的过程。商业化和科技创新双引擎铸就了 Web 1.0 的时代特征。互联网弄潮儿都是科技创新与成果转化的成功者，创新与冒险给他们带来了丰厚的回报，从而吸引和推动更多年轻人参与进来，互联网成为技术创新的重要摇篮。

第三，互联网普及和互联网企业快速成长。一系列互联网新技术工具的诞生点燃了人们使用互联网的激情，互联网获得快速发展。以 Web 为例，由于 Web 的内容让网民耳目一新，它结合音频、视频、图像，运用多媒体模式，给网民带来了一种空前的视觉享受，因此，自从面世以来，很快引起了人们的广泛关注，发展异常迅猛。到了 1997 年全球互联网站点数量已达到 100 万个，2000 年更突破 1000 万。互联网的普及促成互联网企业快速成长，网景、雅虎、谷歌便是互联网革命的领头羊。在中国，新浪、搜狐、网易等互联网门户网站快速成长。

2.2　案例分析讨论: 百度竞价排名

案例

百度是全球最大的中文搜索引擎，每天有超过 6000 万人次访问百度或查询信息，是使用量最大的中文搜索引擎。百度竞价排名是一种按效果付费的网络推广方式，其具体做法是，广告主在购买该项服务后，注册一定数量的关键词，按照付费最高者排名靠前的原则，购买了同一关键词的网站按不同的顺序进行排名，出现在网民相应的搜索结果中。

2008 年 11 月 15 日、16 日，央视"新闻 30 分"节目连续播出了《记者调查：虚假信息借网传播，百度竞价排名遭质疑》和《记者调查：搜索引擎竞价排名能否让人公平获取信息》的新闻，并曝光了有内部员工帮助造假的内幕，由此引发了公众对其信息公正性与商业道德的广泛质疑。

针对百度竞价排名事件，中国互联网协会副理事长高卢麟指出："人们希望有一个公正客观的环境，因此通过检索出来的资讯、信息应该是公正客观的"。"我们互联网协会提倡各个企业要自律，就是你要自己约束自己"。

如何在企业利润与社会公共利益、社会公正之间寻求平衡？这是艰难的过程。2008 年 11 月 18 日晚，百度 CEO 李彦宏向所有员工发出公开信，就央视报道其"竞价排名"问题首次公开表态。李彦宏表示根据这次报道，全面挖掘百度所存在的问题，该事件对百度品牌、用户、客户感情造成了伤害，他表示十分难过、痛心疾首。最后他说："互联网的大幕才刚刚拉开，百度不仅要对自己越来越严格要求，同时也会在引领互联网产业向更健康的方向发展起到关键作用。古人说过，有错能改，善莫大焉。我诚挚地期盼与亲爱的同事们一起，用我们最大的努力，通过为用户和客户提供真实的信息和有效的服务，来实现我们的价值和百度的使命。"

【分析】

一是竞价排名获得优先地位的网站散布虚假信息，百度是否需要对此承担责任？"新闻 30 分"报道指出：网络时代，人们经常依赖网络搜索引擎寻找自己需要的信息，然而，一段时间以来，越来越多的消费者抱怨说，因百度搜索引擎竞价排名提供的虚假网站或信息上当受骗。记者在百度输入肿瘤这个关键词进行搜索，排名第一位的是一家名为中国抗癌网的网站，在其首页推荐的这位白希和教授，具有中国中医科学院肿瘤学首席专家、资深教授、中华医学会肿瘤专业委员会特邀教授等多个头衔，记者调查发现，一切头衔都是"浮云"；记者进入百度的查询竞价网页，在查询竞价栏里输入"治疗性病"，便出现了对"治疗性病"这个关键词进行竞价的100 多家企业，排名第 5 的也是一家冒牌部队医院——总参管理保障部医院的网站，其竞价为每点击一次支付 16.56 元。对此，社会舆论高度一致，普遍认为百度疏于客户资质的审查，对虚假信息的传播负有难以推脱的审核责任，在某种程度上为虚假信息的网络化生存打开了方便之门；而百度某些业务人员主动诱使消息源作假，明显有悖职业道德，于传媒公信力乃是不小的伤害。对这一问题，在网友激扬文字的刺激下，百度做出快速反应和顺势处理：在曝光 6 个小时后，报道中涉及的医疗关键词的所有竞价排名下线；辞退涉嫌违规销售的业务人员，并对客户资质开始全面审核；百度官方在 2008 年 1 月 17 日正式对外公开道歉。

　　二是未被排名收录的网站指称百度以竞价方式决定搜索结果的排名顺序，有违市场公平，是否存在"勒索营销"？"新闻 30 分"报道：竞价排名让花钱的企业出现在被搜索结果的前列，因此，一些不愿为此花钱的企业只能出现在搜索结果的末尾，一些企业向记者反映，他们遭到百度的恶意屏蔽，从搜索结果中消失。据童年网负责人介绍，网站创办之初被百度收录的网页多达 11 万多个，用户可以轻易搜索到童年网，然而在拒绝参与竞价排名后，目前被收录的网页仅为 2 个。同样的遭遇还发生在一家名为中国城市地图网的网站上，这家网站的负责人告诉记者，在拒绝接受竞价排名服务后，网民已无法从百度搜索到他们的网站。童年网总经理金华认为"这就是勒索营销"。如果恶意屏蔽只是有违互联网"开放、平等、协作、分享"的精神，缺乏公正，那么，勒索营销则突破了人类社会的道德底线。

　　三是垄断。中国城市地图网负责人陈懋在接受央视"新闻 30 分"记者采访时说："从 9 月份之后，收到百度所谓的代理的电话之后，我们拒绝了（参与竞价排名）之后，就一个 IP 都没有从百度来了，也就是说它把我们直接给屏蔽了。"百度之所以能随意对"拒绝者"屏蔽，其霸气源于百度在搜索行业内的优势地位。早在 2008 年 10 月 31 日，"全民医药网"向国家工商总局申请对百度进行反垄断调查，百度是否涉嫌垄断立即引起业界高度关注。根据国内知名调查机构艾瑞咨询发布的中国 2008 年第三季度搜索引擎市场调查报告显示，百度网页搜索请求市场份额高达 73.2%。根据《反垄断法》"一个经营者在相关市场的市场份额达到二分之一"的规定，百度已经获得了中国搜索引擎市场的支配地位。一旦其滥用这种支配地位，则可被认定为垄断。竞价排名的反面——反向非竞价则屏蔽的做法，一旦被查证属实，将会被认定违反《反垄断法》第十七条第四项的规定。

【讨论】

(1) 用伦理分析工具对"百度竞价排名"事件做深入剖析。

(2) 结合本案例和"魏则西事件"（2016 年），讨论"大学生应该如何正确使用网络搜索工具"。

2.3 相关伦理分析

万维网及其相关技术的飞速发展，使人们上网变得更加方便。随着大学校园无线网络建设的普及，上网已成为大学生日常生活的重要内容。那么，大学生上网主要做什么？这是我们首先要讨论的问题。然后我们讨论互联网伦理至始至终无法摆脱的两个话题：安全与隐私、知识产权。

2.3.1 大学生互联网使用状况

1. 大学生互联网使用的阶段性特征

到目前为止，大学生互联网使用呈现明显的两个阶段性特征：娱乐化阶段和应用化阶段。

1) 娱乐化阶段(1994—2013 年)

1994—2013 年，互联网渗透到了人们生活的方方面面，特别是像网络游戏、网络音乐、在线影视、网络视频、网络社交等网上娱乐体验。有人对中美互联网使用情况进行比较分析，认为美国的互联网更多是主流经济的助推器，但中国的互联网大多是用来娱乐的。早期负责我国信息化战略规划、政策法规的起草制定及国家信息化指标制定工作的高红冰指出："从我对美国新经济的考察来讲，娱乐和互联网的关系很密切是事实，但还是有些偏了。人家用互联网主要是发邮件，做企业内部管理，做办公协同工作，而我们很大一部分人用互联网玩游戏。如果一个民族、一个国家的网民把很大一部分时间和精力用在玩游戏上，那互联网就不会在商业上带来有用的东西。我们要做的是促使更多的商业企业、包括个人利用互联网从事经济工作，包括企业怎么把 ERP 构筑起来，怎么把协同工作做起来，包括企业内部的管理系统，怎么用互联网帮助工作，而不是在办公室用 QQ 跟别人聊天。"[①]

　　摘取两项持续多年的大学生互联网使用状况调查数据(见图 2-5 和表 2-1)，从中我们可以看到大学生互联网娱乐化的倾向性。

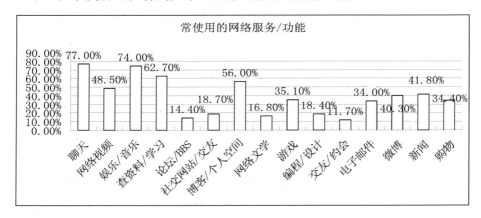

图 2-5　大学生经常使用的网络服务功能(2012 年，$N = 2503$)

　　从表 2-1 我们可以发现，大学生互联网使用娱乐化特征具有恒常性。

表 2-1　大学生常使用网络服务/功能前 5 位排名

	第 1 位	第 2 位	第 3 位	第 4 位	第 5 位
2005 年	娱乐/音乐 89.2%	聊天 88.0%	查资料/信息 74.8%	电子邮件 61.4%	浏览网页 59.9%
2006 年	娱乐/音乐 88.0%	聊天 87.2%	查资料/信息 83.7%	浏览网站/页 65.6%	电子邮件 65.2%
2007 年	聊天 86.1%	娱乐/音乐 85.9%	查资料/信息 83.0%	浏览网站/页 59.2%	电子邮件 55.3%
2008 年	娱乐/音乐 91.1%	聊天 88.9%	查资料/信息 86.8%	浏览网站/页 67.9%	学习 61.3%
2009 年	聊天 88.1%	娱乐/音乐 88.0%	查资料/信息 86.3%	浏览网站/页 67.6%	学习 62.2%
2012 年	聊天 77.0%	娱乐/音乐 74.0%	查资料/学习 62.7%	博客/个人空间 56.0%	网络视频 48.5%
2013 年	聊天 68.6%	娱乐/音乐 67.5%	查资料/学习 48.3%	博客/个人空间 48.0%	网络视频 43.3%

① 林木. 网事十年[M]. 北京：当代中国出版社，2006：271.

大学生互联网娱乐化倾向，与同期中国互联网文化缺失、互联网商业化趋利性是分不开的。1985 年，美国国家科学基金会(NSF)开始建立用于支持科研和教育的全国性规模的计算机网络 NSFNET，成为互联网上主要用于科研和教育的主干部分，代替了阿帕网的骨干地位。对此，万维网的发明者感慨道："无论因特网还是万维网最初都不是针对家庭或个人商业用途创立的；它们是为大学、研究人员和大型组织准备的。"同时，在互联网商业化之前，甚至到互联网商业化初期，个人电脑价格、上网费用在当时相当昂贵，对崇尚实用主义的美国人来说，把网络作为娱乐工具的意图在现实中是行不通的。在这样的背景下，第一代美国网民在很大程度上都具有科研和教育经历，他们有足够的计算机和网络知识去帮助下一代合理、科学地理解和应用互联网。更为重要的是，这一时期，美国人有相当长的时间去思考互联网的精神和价值，制定相应的计算机和网络的法律规范、伦理规则，所有这些积淀成为理性的计算机(网络)文化。当互联网商业化浪潮席卷而来的时候，这种文化不仅对美国新经济的形成产生重要影响，而且，在一定程度上作为一道防火墙，为年轻的一代网民使用互联网提供有益的知识和经验。相反，中国互联网的接入和发展是在互联网商业化和中国走向市场经济的背景下完成的。如何赚得互联网的第一桶金？如何通过互联网增长财富？这是第一代中国互联网创业者思索的问题。中国的创业者似乎有这样一种共识，互联网财富与点击率相关，而提高点击率最有效的方式就是娱乐。大学生是一个感性、活泼的群体，也是一个敢于、擅于玩的群体，在没有经过计算机文化熏陶的背景下，赤裸裸地被扔进了一个由商家构筑的娱乐世界，其娱乐化倾向是必然的。

2) 应用化阶段(2013 年至今)

2013 年"宽带中国"战略加速推进，网络基础设施服务能力大幅提升，网络接入手段日益丰富。2013 年前三季度，已有 1.3 亿户家庭具备光纤宽带接入能力，3G 网络覆盖全国所有乡镇。2013 年 12 月 4 日下午，工信部正式发放 4G 牌照，宣布我国进入 4G 时代。由 3G 引发的移动互联网热潮终于在 4G 时代大放异彩，这为互联网普及应用化提供了技术支撑。

中国互联网络信息中心(CNNIC)发布的《中国互联网络发展状况统计报告》(第 33 次)显示：截至 2013 年 12 月，中国网民规模较 2012 年底提升

3.7%，通过台式电脑上网和笔记本电脑上网的比例分别为 69.7% 和 44.1%，相比 2012 年均有所下降，下降比例分别为 0.8 个百分点和 1.8 个百分点。手机上网比例保持较快增长，从 74.5% 上升至 81.0%，提升 6.5 个百分点。手机上网比例的大幅上升，一方面反映了中国网络用户拥抱移动互联网应用的激情，另一方面说明手机助推了互联网应用的深入化和广泛化。

2013 年 6 月 13 日，阿里巴巴推出余额宝业务，2013 年 8 月 9 日，微信推出支付功能。中国互联网两大巨头互联网应用的不断创新点燃了网民互联网应用生活化的激情。

互联网应用化可以理解为互联网应用生活化，即互联网已经融入了我们的生活，我们的日常生活离不开互联网，互联网工具性价值日益强化。移动互联网时代，每个人的生活都已经和互联网息息相关，人的基本需求衣、食、住、行都已经被互联网所串联。网上支付、互联网理财、定位导航、网上打车、订购外卖、旅游预订、在线教育课程、健康监测等，几乎包揽了我们生活学习的方方面面（见表 2-2）。

表 2-2　2017 年 12 月至 2018 年 12 月手机互联网应用的使用率

应用	2018.12		2017.12		年增长率
	用户规模（万）	手机网民使用率	用户规模（万）	手机网民使用率	
手机即时通信	78 029	95.5%	69 359	92.2%	12.5%
手机搜索	65 396	80.0%	62 398	82.9%	4.8%
手机网络新闻	65 286	79.9%	61 959	82.3%	5.4%
手机网络购物	59 191	72.5%	50 563	67.2%	17.1%
手机网络视频	58 958	72.2%	54 857	72.9%	7.5%
手机网上支付	58 339	71.4%	52 703	70.0%	10.7%
手机网络音乐	55 296	67.7%	51 173	68.0%	8.1%
手机网络游戏	45 879	56.2%	40 710	54.1%	12.7%
手机网络文学	41 017	50.2%	34 352	45.6%	19.4%
手机旅行预订	40 032	49.0%	33 961	45.1%	17.9%
手机网上订外卖	39 708	48.6%	32 229	42.8%	23.2%
手机在线教育课程	19 416	23.8%	11 890	15.8%	63.3%

数据来源：CNNIC《中国互联网络发展状况统计报告》（第 43 次）

大学生互联网使用特征由娱乐化向应用化的转向是一个趋势性、总体性的过程，但还有部分大学生仍然由娱乐性主导，沉溺于网络游戏等，我们将在第 5 章讨论。

互联网娱乐化向应用化转向倾向带来的伦理问题蕴涵着"人与互联网"的价值取向：我们"应该"如何应用互联网？

"应该"是道德价值和道德法则的体现，同义词源的"应当"和"应该"，意指道德上的义务、责任，带有理想性和超越性的价值指向，对道德意义上的"应当"的认识，表明人类对伦理关系和道德生活的一种自觉认知和践履。

古希腊亚里士多德创立的第一部伦理学也讲人生之道，认为人生要达到至善和幸福的目的，就要发挥理性的功能，遵照中道原理，以"应当的目的""应当的手段""应当的方式"以及"应当的时间"和"应当的地点"，做出合乎道德的行为选择。亚里士多德在《尼各马可伦理学》中把"应当"这个概念提到了突出的地位。在他的伦理学中，"应当"就意味着至善的理想、人生的目的和行为选择的中道原则。休谟把"应当"作为道德哲学的基本范畴提了出来："在我所遇到的每一个道德学体系中，……我所遇到的不再是通常的'是'与'不是'等联系词，而是没有一个命题不是由一个'应该'或一个'不应该'联系起来的。这个变化虽是不知不觉的，却是有极其重大的关系的。……而且我相信，这样一点点的注意就会推翻一切通俗的道德学体系，并使我们看到，恶和德的区别不是单单建立在对象的关系上，也不是被理性所察知的。"[①] 康德继休谟之后对道德的"应当"做了系统的论证，建立了思辨的伦理学体系。他的道德学的集中点可以说就是论证"应当"，确立体现道德"应当"的普遍必然性的法则——"绝对命令"。人都趋向于自由和人格完善，追求内在价值的实现，道德"应该"成为人们的意愿，自觉使感性欲求服从理性命令的"应该"，"应该"表述的是把行为本身看作自为、客观必然、行为自身和目的同一的绝对命令。康德认为"应当"深深埋藏在人们伦常生活的最底层，并使人们日常的道德活动与当下的善恶评判成为可能。体现着道德价值的"应当"从康德开始成为一种区别于事实世界的"决然自明的事实"。[②] 我们知道，道德规范是

---

① 休谟. 人性论[M]. 北京：商务印书馆，1980：509-510.
② 杨伟涛. 道德的价值本性和应然表征[J]. 学术交流，2008(7).

他律的，但这种他律必须转化为个体的自律才能成为实存的道德。因此，我们"把道德的'应当'从认识中提炼出来，表明人类对伦理关系和道德生活的自觉"。[①]"应当"是价值导向和价值取向，也是道德命令和价值标准。

互联网起源和发展的历史已经证明，互联网是人类最重要的交往工具之一，是共享的资源平台，是新兴信息社会基础设施的一个中心要素，其环境已成为我们的重要生活场景。换句话说，拥有强大功能的互联网可以为我们提供丰富多彩的娱乐生活，但其本质不是一个娱乐的工具。"应当"如何应用互联网？这不只是个简单的技术工具选择和应用问题，而且是一个价值判断，表征一个人、一个民族对互联网技术理解的程度以及拥有的文明、道德底蕴。

2. 大学生互联网应用扫描

纵观大学生互联网使用的历史和现实偏好，结合大学生职责所在，接下来就网际聊天(互联网/手机即时通讯)、网络文学、网络视频和网络学习进行讨论。

1) 网际聊天

网际聊天指用户借助聊天工具/网站，基于互联网所进行的文本、言语和视频传递等交互活动。网际聊天是大学生经常使用的网络功能。大学生喜好网际聊天，原因在于：一是交往需求(第 3 章讨论)，二是通信需要，三是娱乐需求。随着聊天工具功能的不断增强，网际聊天娱乐化不断强化，网名、聊天的内容、语言表达形式都可以富于娱乐性、趣味性。谭竹的长篇小说《聊也难受不聊也难受》这样开头：

柔指轻敲冲所有人嚷：**老烦老烦快现身！**

柔指轻敲抓了抓头皮，露出迷惑的神情：**怎么还不来？**

柔指轻敲冲所有人嚷：**老烦——**

柔指轻敲四处张望，找张椅子坐下。

柔指轻敲双手捂着脸，呜呜咽咽地哭道：**头发都等白了！**

[①] 宋希仁. 论道德的"应当"[J]. 江苏社会科学，2000(4).

柔指轻敲伤心失望之余，真想买块豆腐撞死，摸摸口袋却发现身边没有零钱……

……

老烦毕恭毕敬地向**柔指轻敲**弯腰鞠躬：敲敲对不起，我来晚了！

老烦傻兮兮地朝**柔指轻敲**笑笑：我打的往回赶都没来得及，看来下次要打飞机才行。

大学生网际聊天具有积极和消极两重意义。积极意义主要表现为两点：

第一，促进大学生角色重建和社会化进程。研究表明，当周围的环境保持相对稳定时，个人自我概念的改变是相当困难的，如果个人试图做一些变化，他的同伴可能不愿意接受和确认，而只有他们愿意接受时，这些新的角色才可能成为真实的。当个体在网上参与社会交往时，得到了与网下社会群体不同的新的交往群体，新的交往群体没有对他们形成应该遵守的角色概念和期望，这样，个人能够自由地以许多不同的方式塑造自我，开拓不同的角色。网上交往提供了改变自我概念的机会，提供了角色重建的机会，这对那些角色贫乏的人和感到自我的重要方面在现实世界受到压抑的人来说是特别重要的[①]。现实生活中的角色扮演是有限的，网络交往为大学生提供了扮演各种角色的机会，他们可以在其中进行各种角色学习，理解角色的行为规范，体验角色的需要和情感，了解角色间的冲突，并借助交往对象的反馈检验自己角色扮演的情况，进而把握自己在现实社会中的各种角色行为，提高自己的交往能力，这有利于促进大学生的社会化进程[②]。

第二，有利于大学生宣泄被压抑的情绪，获得一定的心理自疗。数据表明，大学生喜好网络聊天与宣泄心中的郁闷相关。有的同学"喜欢与陌生人聊天"，其主要理由是"有了倾诉对象""因陌生而勇敢"。

随着聊天的步步深入，随着虚拟世界的不断构建，聊天主体的心理不

---

① 郑小明. 浅析互联网环境及其对心理的影响[J]. 西南民族大学学报(人文社科版)，2003(11).

② 曹鸣歧. 电脑网络与大学生心理健康[J]. 河南师范大学学报(哲学社会科学版)，2002(3).

断趋向舒展或者升华，而无论是舒展还是升华，都对心理具有一种释放作用。因为这种释放是在虚拟中完成的，所以其释放的心理后果总的来说都不具有危害性；相反，相对于现实生活对心理的"压抑"而言，这种释放在一定意义上具有积极价值，其中之一就是经过虚拟"释放"，人格的发展会趋向自然，人性的成长会趋向健全。

消极意义则表现为四个方面：

第一，诱发大学生网络沉迷。由于网络交往的低成本性，群体成员觉得在网络上很容易找到志同道合者，更容易得到他人的关怀、心灵的慰藉和自我实现的心理满足，而没有对网络的虚拟性本质保持清醒的认识。长此以往，群体成员更倾向于与网络群体的互动，容易沉溺于网络群体的虚拟生活之中，而不愿意接触现实，甚至有意逃避现实，从而极易造成心理上的虚无和畸形。

第二，远离"实像"，人格异化。在现实的互动情境中，人的物理身体始终在场，在网络空间中，人的物理身体不在场。现实交往中相对确定的真实姓名、家庭住址、性别、年龄、职业、种族等，在网络空间中可以"集体"退场，心理学称之"身份缺失"。由于"身份缺失"，现实社会中的规范、原则失去了作用，这样就给自制力尚不强的大学生提供了恣意放纵的平台，从而迷失自我。

第三，导致部分大学生情感错位。网恋和网络同居是寄生在网际聊天身上的"蠕虫"，不少大学生沉沦于网恋、网络同居而不惜放弃与同学、亲人、朋友的聚会和交往，甚至发生严重的情感错位。

第四，其他心理伤害。网际聊天的虚拟性，助长了利用网际聊天传播有害信息的行为。一方面，网络聊天室有大量脏话、痞话，诱惑性、挑逗性的"黄色语言"等，严重侵蚀大学生的心灵；另一方面，网际聊天存在不讲真话也不相信他人的话的情况，长此以往，大学生的诚信美德和责任意识会变得淡薄[①]。

2) 网络文学

CNNIC 发布的《第 44 次中国互联网络发展状况统计报告》数据显示，截至 2019 年 6 月底，中国网络文学用户数为 4.5 亿，网民使用率为 53.2%，

---

① 曾广乐. 关于网络聊天的伦理思考[J]. 哲学视界，2003(5).

比上年增长 5.2%。仅盛大文学旗下的"起点中文网"，平均每天就有 1100 人为其长篇网络原创小说投稿，每天网站内容更新 3400 万字。由此可见，网络文学作为一种新兴的文学发展形式已在当今社会占据举足轻重的地位。

　　网络与文学的最初结合应该归功于 BBS。由痞子蔡（蔡智恒）创作，在中国首次掀起网络文学风暴的《第一次的亲密接触》于 1998 年在台湾成功大学 BBS 上首发，后被广大网友转发至其他站点。故事主人公痞子蔡其貌不扬，现实生活中对感情的事相当认真保守，而在网络上不但热情自信，而且能言善道。痞子蔡从不敢奢望真爱会降临在自己身上，直到他在网上邂逅了网名为"轻舞飞扬"的女孩，两颗真诚的心灵终于紧紧地靠在了一起。"轻舞飞扬"是一个患有遗传性红斑狼疮的美丽女孩，她希望让生命更多一点亮色。与痞子蔡网络相逢之后，她倍感知心，积蓄多时的情感更是不可抑制，青涩的爱情品出丝丝甜蜜……然而，"轻舞飞扬"的生命不期而然地结束了。痞子蔡把所有的伤痛与回忆悄悄地深埋心底，化作一段成长的经历。《第一次的亲密接触》用几段半疯半痴的呓语开首：

　　　　"如果我有一千万，我就能买一栋房子。
　　　　我有一千万吗？　没有。
　　　　所以我仍然没有房子。

　　　　如果我有翅膀，我就能飞。
　　　　我有翅膀吗？　没有。
　　　　所以我也没办法飞。

　　　　如果把整个太平洋的水倒出，也浇不熄我对你爱情的火焰。
　　　　整个太平洋的水全部倒得出吗？不行。
　　　　所以我并不爱你。"

　　记录"轻舞飞扬"生命终结——最后的信——用的是同样的呓语：

　　　　"如果我还有一天寿命，那天我要做你女友。

我还有一天的命吗？没有。

所以，很可惜。我今生仍然不是你女友。

如果我有翅膀，我要从天堂飞下来看你。

我有翅膀吗？没有。

所以，很遗憾。我从此无法再看到你。

如果把整个浴缸的水倒出，也浇不熄我对你爱情的火焰。

整个浴缸的水全部倒得出吗？可以。

所以，是的。我爱你。"

网络文学，是以互联网为展示平台和传播媒介的，借助超文本链接和多媒体演绎等手段来表现的文学作品、类文学文本及含有一部分文学成分的网络艺术品。其中，网络文学以网络原创作品为主。网络文学是随着互联网的普及而产生的。互联网络为上亿网民提供了多如恒沙的各类文学资料信息，与此同时，一种以这种新兴媒体为载体、依托、手段，以网民为接受对象，具有不同于传统文学特点的网络文学悄然勃兴。

网络文学分为三类样态：一类是已经存在的文学作品经过电子扫描技术或人工输入等方式进入互联网络；一类是直接在互联网络上"发表"的文学作品；还有一类是通过计算机创作或通过有关计算机软件生成的文学作品进入互联网络，如电脑小说《背叛》，以及几位作家几十位作家甚至数百位网民共同创作的具有互联网络开放性特点的"接力小说"等。

据不完全统计，全世界中文文学网站已超过 4000 家，而国内的汉语原创文学网站也已超过 500 家。一个文学网站一天收录的各类原创作品达数百乃至数千篇。例如，目前最大的中文网络原创文学网站"起点中文网"，就有原创作品 22 万部，总字数超过 120 亿，日新增 3000 余万字。它的网页日浏览量已高达 2.2 亿次。"幻剑书盟"网站拥有驻站原创写手 1 万多名，收藏原创作品 2 万多部，有 400 部原创小说的周点击率在万次以上，其中有 49 部的点击率在 10 万次以上，日访问量保持在 2000 万左右，注册会员 200 万人。"榕树下"原创网站自 1997 年建站以来，日浏览量达到 500

万，拥有 50 万个独立 IP 地址，收录作品 350 多万篇。如果把所有的文学网站、门户网站的文学频道、文学社区，以及一些个人文学主页和博客中属于文学的部分累积起来，恐怕只有巨型计算机才算得出网络文学作品的总量了[①]。

首先，无论是网络文学的创作还是受众大多为青年人，其缘由大抵与网络文学的特征分不开。追求前沿、时尚是与青年人思维敏捷、具有强烈好奇心相联系的，网络文学的技术前沿性和文学表达的时尚性特征符合青年人的这一心理需求。有项关于中学生的调查认为，54%的中学生常看网上的言情类作品；有 33.05%的人都承认，在看完《第一次的亲密接触》后产生过有关网恋的想象。其次，网络文学具有大众性、游戏性、自由性特征。网络文学在发轫之初有着一个激动人心的理想目标，那便是在穿梭往返中创建一个人人都能参与的自由、平等、非权威化、取消了一切等级秩序的精神乐土：在这儿，大师与无名小辈拥有同等的发表权利和空间，智者与庸者能平心静气地交流沟通。如果我们承认文学是一种自由，是人性的、游戏的、非功利的，那么我们承认文学在本质上是和专业化、贵族化不相容的，网络文学正是在这点上将文学的大众性、游戏性、自由性还给了大众。它不需要纸面文学的那种精致、典雅、技巧、难度、成熟[②]。互联网给爱好文学的青年人提供了一方乐土。再次，网络文学内容具有可读性。网络文学的起因不仅仅是为了文学，更重要的是为了自身体验的表达、个人感情的宣泄，所以网络文学从一开始就没有禁忌，内容的自由给予文学创作以心灵的解放。网络文学更注重文章的可读性，这也是为什么年轻人更喜欢网络文学的缘故[③]。最后，网络文学的多层次性符合青年人审美趣味的多样化。青年人的审美趣味是丰富多样的，把生活中各种事物和活动当作审美的对象，如优美、壮美、喜剧美、悲剧美、丑美等。网络的极度开放性和受众层次的进一步扩大，网络写手的创作趣味必然会向媚俗和媚雅两个方面发展。一方面，网络文学为迎合读者的口味，继续在言情、侠义、恐怖等传统题材中求发展；另一方面，广大的评论者已由早期对网络文学

---

① 欧阳友权. 盛宴背后的审美伦理问题[J]. 探索与争鸣，2009(8).

② 王宏图，葛红兵. 网络文学与当代文学发展笔谈[J]. 社会科学，2001(8).

③ 张琼. 网络文学的特性及其发展趋势[J]. 山西师大学报：社会科学版，2002(3).

的远立静观走向更深入、更细致的分析评价，而网络文学的作者也希望提高自身作品的品位，开始在文本上下功夫。

3) 网络视频

网络视频是指视频网站提供的在线视频播放服务，主要是流媒体格式的视频文件。在众多的流媒体格式中，flv 格式由于文件小、占用客户端资源少等优点成为网络视频所依靠的主要文件格式。各大网站的视频内容，基本分为原创和转载两大类。

第一类为原创，内容包括自拍、DV 拍摄、影视恶搞等。摄像头自拍：这类视频短片采用剪辑或编辑的方式把一些 FLASH 或经典电影中的镜头和自身的动作拼接在一起，并根据所要表达的内容加以新的配音，用嘲弄、调侃的方式和语调，甚至采取无厘头的表演来对社会热点事件、问题、人物进行一种新的解构与关注；表现为模仿秀和翻唱假唱，代表人物如后舍男生、宝贝小雨等，其中美女类翻唱假唱视频较为火爆。DV 拍摄：表现为使用小型 DV、手机等非专业影视拍摄器材制作，以 DV 社团和个人居多，尤其以大学生为主，代表人物如钢管兄弟等。影视恶搞：表现为使用电影或电视素材进行改编剪辑创作，个人居多，代表人物如胡戈、猫少爷、雪影如梦等，作品影响力较大，点击量和流量远远超越其他网络视频，目前视频分享网站上的这类内容，70%以上的视频篇幅"短小精悍"，长的不到50 分钟，短的只有几分钟，因此，也有人也把它称作"小电影"。

第二类为转载，内容包括电影、电视内容的网络化和短小化。作品为剪辑电影或电视内容的非原创作品，尤其以各类电影、电视剧、资讯、娱乐、体育、综艺、广告等居多，为便于网络播放，这些作品无一例外均被切割和剪辑，较为短小。从 2003 年火爆网络的《大史记》到胡戈的《一个馒头引发的血案》，从"后舍男生"的夸张假唱到"芙蓉姐姐"的喷血自拍，这类视频短片逐渐形成一种新的网络娱乐方式[①]。

在网络视频的创作者和受众中，大学生是一个极为重要的群体。大学生充满朝气和活力，能不断进取和思考，网络视频拥有了大学生群体就拥有了坚实的后盾。目前，一年一度的大学生 DV 节已形成规模，并具有了一定影响力；此外一些高校还不定期地举办民间 DV 节；还有一些机构以大学

---

① 柳溪. 网络视频的问题与规范[J]. 云梦学刊，2008(5).

生为主要培训对象，进行 DV 创作的专业培训[①]。网络视频具有用户原创的个性化特征和"草根性"特色，这也是广大大学生积极参与和围观的缘由。

内容是网络视频的核心业务和发展根基。例如，现在的直播都是来自于新闻现场的最及时、最直接、最生动、最真实的第一手资料，并且是以平民化视角来表现的，因此它通常都具有内容新奇、画面刺激、真实感强、点击率高、社会反响大等特点。网络视频除了在专门的网络视频网站发布外，还有博客、BBS、论坛等发布渠道，这些视频的来源往往是无序的、不可预见的，很难控制和审查。这些因素受互联网商业主义的驱使，网络视频内容存在以下不足：一是网络恶搞。网络视频恶搞近年来一直风光无限，越来越多的人开始关注甚至是吹捧，大量的电视，社会题材被恶搞，甚至连许多红色经典都无法幸免，而且这股风气有愈演愈烈之势。"2006 年应该是当之无愧的'恶搞'年，'喜欢你就恶搞你'成为最时尚的网络口号"。二是网络色情泛滥。有人甚至做出了这样的总结：现在国内的网络视频，除了色情和恶搞之外没有别的。难道中国就真的不具备优秀网络视频的原创环境吗？也许导致这样结果的原因是视频网站赢利模式的先天性不足，也可以说是刻意追求点击率的结果。第三，其他不良视频。网络上不利于国家安全、稳定的视频经常被披露，违反社会公德、侵害个人隐私的视频时有出现，暴力、血腥、恐怖的视频也随处可见。

2013—2016 年，快手和抖音两大短视频传播平台出现，受到广大受众的喜欢。抖音是一款音乐类短视频 APP，用户可以任意选择一首歌曲，通过丰富的肢体动作和后期美化剪辑创作出一条短视频。用户上传视频到抖音平台上进行分享。搞笑有趣的视频内容，全屏沉浸式的观看体验，是抖音吸引用户的重要因素。

抖音与快手的传播内容都会根据用户感兴趣的视频进行推荐。也就是说两个平台的传播内容都是由算法推荐的。后台根据用户的浏览痕迹记录每个人感兴趣的内容，当用户再次点开视频软件的时候，平台就会根据算法向不同的受众推送不同的内容。平台采用算法内容分发机制，使短视频平台传播内容更加高效，它们可以精准地捕捉受众用户喜欢的视频并且向他们推送大量类似的视频，这样的方法可以减少用户的"无效时间"，从

[①] 李晋林. 对网络视频传播现状的思考[J]. 中国电视，2008(9).

而增强传播的效果。

2018 年 4 月初，企鹅智酷发布的《抖音、快手用户研究报告》显示，大约 22%的抖音用户每天使用该应用超过 1 个小时。短视频平台应对其发布的内容进行严格审核。

4) 网络学习

所谓网络学习，是指通过计算机网络进行的一种学习活动，它主要采用自主学习和协商学习的方式进行。相对传统学习活动而言，网络学习有以下四个特征[①]。

一是学习环境的开放性。网络学习方式能随时给学习者提供一个开放的学习环境。学习者可以不受时间、空间限制，选择在不同时间、地点进行学习。网络作为一种传播媒体以其大容量的知识存储为学习者提供了海量的信息，构筑起虚拟世界中的"地球村落"。信息越来越多，也传得越来越远，人类学习真正跨越了时间和空间。

二是学习主体的自主性。网络学习方式使学习者成为信息加工的主体，成为知识意义的主动建构者。众所周知，学习具有不可替代性，在网络环境中，学生的自主学习成为主要学习方式，学习者自主选择学习内容、学习时间和学习方式，通过网络与其他同学进行协作学习，充分体现学习者的主动参与性。一方面，网络学习者与网络教师的分离状态决定了其学习的自主性；另一方面，充分的交流与协作以及开放化的网络学习环境为学习者自我建构知识体系提供了可能。

三是学习手段的灵活性。网络学习环境下的学习方式强调的不仅仅是使学习者成为一个视觉学习者，更要使其成为一个多觉学习者。多种信息与符号的刺激使网络学习者向深度和广度发展，使他们对事物的认识建立在多层次、多角度之上。

四是学习关系的交互性。网络学习的交互性，可以给学习者提供学习者之间、学习者与教师之间进行交互的各种有利条件和机会。学习者不仅能得到课堂上教师和同学的意见、反馈，还能获得超出学校以外的其他学习伙伴所拥有的知识经验。网络能把学生和教师、学生和学生中的两个或

[①] 郝连科，沈慧娟. 网络学习方式对大学生学习能力的提升作用[J]. 通化师范学院学报，2008(8).

多个参与者连在一起，使交互者之间同时进行二维或多维的参与，进行双向信息交流。

网络有利于提高大学生主体的学习能动性、自主性。研究表明大学生重视和运用网络学习功能状况有个好的势头：网络学习功能的重视和使用频率不断提高。在 11 种大学生常使用的网络服务/功能频率选择中，"学习"功能 2005 年列第 8 位，2009 年进入前 5 位，2012 年和 2013 年进入前 3 位，说明大学生网络学习功能应用率在不断提升。

大型开放式网络课程即 MOOC(Massive Open Online Courses)日益受到瞩目。2012 年，美国的顶尖大学陆续设立网络学习平台，在网上提供免费课程，Coursera、Udacity、edX 三大课程提供商的兴起，给更多学生提供了系统学习的可能。这三大平台的课程全部针对高等教育，并且像真正的大学一样，有一套自己的学习和管理系统。再者，它们的课程都是免费的。2013 年，MOOC 进入中国，极大地推动了国内大学网络教与学的变革。

网络学习缺陷之一就是缺乏个性化和情感教育。可喜的是，大数据和人工智能在知识服务领域的应用已初见端倪，采用数据挖掘技术分析学生的认知风格等个性特征，对学生的网络学习行为进行学习分析，通过人工智能为学习者提供个性化的学习方案与学习支持得以实现；同时，情感计算技术的进步有望逐步实现师生间的情感补偿。

2.3.2　网络安全与隐私

我们感受了互联网的强大功能魅力、开放自由的精神，然而，事物总是一个矛盾体或双刃剑，互联网给人类带来方便的同时也可能给人类的安全和隐私带来空前的威胁。如果忽视安全问题，人类在互联网中将会处于一个怎样危险的境地？使用互联网，我们的隐私会受到怎样的侵害？我们该如何保护自己的隐私？

1. 网络安全

国家计算机网络应急技术处理协调中心(CNCERT)2019 年 4 月发布的《2018 年我国互联网网络安全态势综述》指出：2018 年，CNCERT 协调处置网络安全事件约 10.6 万起，其中网页仿冒事件最多，其次是安全漏洞、恶意程序、网页篡改、网站后门、DDoS 攻击等事件。CNCERT 持续组织开展计算机恶意程序常态化打击工作，2018 年成功关闭 772 个控制规模较大的僵尸网络，成功切断了黑客对境内约 390 万台感染主机的控制。

网络安全，是指通过采取必要措施，防范对网络的攻击、侵入、干扰、破坏和非法使用以及意外事故，使网络处于稳定可靠运行的状态，以及保障网络数据的完整性、保密性、可用性。

依据互联网安全所覆盖的内容，我们可以将网络安全划分为网络物理安全、网络运行安全和网络信息安全三个层面。网络物理安全是整个互联网系统安全的基础，包括互联网终端设备、传输线路、存储设备的安全，以及各种设备的存放、管理设施等。网络运行安全是指互联网运行管理体系的安全。TCP/IP 协议本质上的开放性，一方面可以提供灵活开放的网络资源，促进互联网的应用与发展；另一方面也使非法入侵成为可能，入侵者可以轻易通过网络漏洞进入未经授权访问的系统，扰乱系统正常运行，甚至控制整个系统。网络信息安全是指网络系统中信息存储、传输和交换过程中信息本身的保密性、完整性、真实性、可靠性、可控性和不可抵赖性[1]。

网络不安全因素的存在，从技术角度看源于网络架构的特征和端到端设计方式。网络端到端透明原则是互联网的核心理念之一。网络终端可以访问网络中的任何一个网元或者其他网络终端，这种特性对于保证互联网的通达性有着重要的作用，但是对于网络安全则有较大影响。从网络行为主体看，一是部分企业、机关和个人网络道德的沦丧和法律意识的淡薄，二是网民网络安全知识的欠缺和网络安全意识的忽视。从社会的角度看，是相关法律制度的不健全和整个社会网络安全教育的缺位。

一般而言，网民更多的是关注网络信息安全，特别是网民个人信息滥用的道德和法律问题。我国个人信息滥用情况大致归纳为如下类别：第一种是过度收集个人信息。有关机构超出所办理业务的需要，收集大量非必要或完全无关的个人信息。比如，一些商家在办理积分卡时，要求客户提供身份证号码、工作单位、受教育程度、婚姻状况、子女状况等信息；一些银行要求申办信用卡的客户提供个人党派信息、配偶资料乃至联系人资料等。第二种是擅自披露个人信息。有关机构未获法律授权、未经本人许

---

① 唐守廉. 互联网及其治理[M]. 北京：北京邮电大学出版社，2008：92.

可或者超出必要限度地披露他人个人信息。比如，一些地方对行人、非机动车交通违法人员的姓名、家庭住址、工作单位以及违法行为进行公示；有些银行通过网站、有关媒体披露欠款者的姓名、证件号码、通信地址等信息；有的学校在校园网上公示师生缺勤的原因，或者擅自公布贫困生的详细情况。第三种是擅自提供个人信息。有关机构在未经法律授权或者本人同意的情况下，将所掌握的个人信息提供给其他机构。比如，银行、保险公司、航空公司等机构之间未经客户授权或者超出授权范围共享客户信息。更为恶劣的是非法买卖个人信息。调查发现，社会上出现了大量兜售房主信息、股民信息、商务人士信息、车主信息、电信用户信息、患者信息的现象，并形成了一个新兴的产业。比如，个人在办理购房、购车、住院等手续之后，相关信息被有关机构或工作人员卖给房屋中介、保险公司、母婴用品企业、广告公司等。

"知情同意原则"和"不伤害原则"是网络伦理的基本原则。过度收集个人信息、擅自披露个人信息、擅自提供个人信息和非法买卖个人信息都有悖于网络伦理的基本原则，既不道德而且违法。

2017年6月1日起实施的《中华人民共和国网络安全法》第四十一条规定，网络运营者收集、使用个人信息，应当遵循合法、正当、必要的原则，公开收集、使用规则，明示收集、使用信息的目的、方式和范围，未经被收集者同意网络运营者不得收集与其提供的服务无关的个人信息，不得违反法律、行政法规的规定和双方的约定收集、使用个人信息，并应当依照法律、行政法规的规定和与用户的约定，处理其保存的个人信息。

随着大数据、云计算、人工智能技术越来越贴近现实生活，网络个人信息安全保护显得尤为重要和紧迫。国家互联网信息办公室2019年5月28日就《数据安全管理办法（征求意见稿）》向社会公开征求意见。意见稿提出：① 在数据收集方面，网络运营者通过网站、应用程序等产品收集使用个人信息，应当分别制定并公开收集使用规则。收集使用规则应当明确具体、简单通俗、易于访问，突出以下内容：收集使用个人信息的目的、种类、数量、频度、方式、范围等；个人信息保存地点、期限及到期后的处理方式；个人信息主体撤销同意，以及查询、更正、删除个人信息的途径和方法；投诉、举报渠道和方法等内容。同时，网络运营者不得依据个人信息主体是否授权收集个人信息及授权范围，对个人信息主体采取歧视行为，包括服务质量、价格差异等。② 在数据安全监督管理方面，发生个人信息泄露、毁损、丢失等数据安全事件，或者发生数据安全事件风险明显加大时，网络运营者应当立即采取补救措施，及时以电话、短信、邮件或信函等方式告知个人信息主体，并按要求向行业主管监管部门和网信管理部门报告；网络运营者违反本办法规定的，由有关部门依照相关法律、行政法规的规定，根据情节轻重给予公开曝光、没收违法所得、暂停相关业务、停业整顿、关闭网站、吊销相关业务许可证或吊销营业执照等处罚；构成犯罪的，依法追究刑事责任。

2. 网络隐私

隐私是指私人生活秘密，即私人生活安宁不受他人非法干涉，私人信息保密不受他人非法搜集、刺探、公开等。隐私包括私生活安宁和私生活秘密两个方面。隐私权是指自然人享有的私人生活安宁与私人信息秘密依法受到保护，不被他人非法侵扰、知悉、收集、利用和公开的一种人格权，而且权利主体对他人在何种程度上可以介入自己的私生活，对自己是否向他人公开隐私以及公开的范围和程度等具有决定权。隐私权作为一种基本人格权利，是指公民"享有的私人生活安宁与私人信息依法受到保护，不被他人非法侵扰、知悉、搜集、复制、利用和公开的一种人格权"。

网络隐私是个人隐私在网络时代的另一种表征，具体包括：个人属性，如个人的姓名、身份、肖像、声音等；个人资料，如消费习惯、病历、宗教信仰、收入、个人财产、工作及婚姻状况等；个人通信内容等。在有些情况下，非由发文者或收文者监控、披露的电子通信的内容也可能构成对隐私权的侵犯。网络隐私权与传统隐私权没有本质区别，属于隐私权的一种，是指自然人在网上同样应该享有私人生活和私人信息依法受到保护，不被他人非法侵犯、知悉、搜集、复制、利用和公开的一种人格权。网络隐私权的权利主体为自然人，权利内容涉及私人生活安宁、信息保密、通信保密、自主使用隐私等。但当隐私权与高速、海量、自由的信息网络传播方式联系起来，网络隐私权也表现出一些不同于传统隐私权的新特点①。

首先，隐私内容扩大。网络隐私权的内容不仅包括传统的姓名、性别、

---

① 唐守廉. 互联网及其治理[M]. 北京：北京邮电大学出版社，2008：183-184.

身高、指纹、血型、病历、联系电话和财产等，一些新兴的个人数据，如 E-mail 地址、网络域名、用户名称、通行密码等，也逐渐成为网络隐私的内容。

其次，权利范围扩大。除去传统隐私权包括的个人生活安宁、个人信息保密、个人通信保密、自由支配使用 4 项基本权利外，网络隐私权还衍生出 4 项新的权利：① 隐私收集知悉权，指权利主体有权知晓个人数据收集者的有关情况，包括数据收集者的性质、经营范围、收集信息的目的和用途，有权通过相关途径查询自己个人数据的收集和使用情况，以保证权利主体对隐私收集行为的基本了解。② 隐私修改权，指当权利主体发现自己的个人数据信息记录有误或记录已发生变化时，有权进行修改、补充、删除，以保证个人信息的准确性。③ 隐私安全请求权，指权利主体有权要求网站等隐私收集或利用者采取必要、合理的措施，以保护个人信息安全，并有权通过法律手段要求隐私收集和利用者履行这一义务。④ 隐私收益权，指权利主体有权要求个人信息收集或使用者支付相应报酬或使用费，以保证主体的物质利益。

再次，附带经济价值。按照民法理论，一般认为隐私权是一种独立的精神人格权，不具备物质性或财产权属性。但在网络空间，网络隐私权已具备了物质性或财产权属性。

最后，侵害大，挽救难度也大。

恶意软件是一种侵犯网络隐私的重要工具。中国互联网协会对恶意软件定义为："在未明确提示用户或未经用户许可的情况下，在用户计算机或其他终端上安装运行，侵害用户合法权益的软件"即为"恶意软件"，但不包含我国法律法规规定的计算机病毒。恶意软件有如下 8 个特征：① 强制安装：指未明确提示用户或未经用户许可，在用户计算机或其他终端上安装软件的行为；② 难以卸载：指未提供通用的卸载方式，或在不受其他软件影响、人为破坏的情况下，卸载后仍然有活动程序的行为；③ 浏览器劫持：指未经用户许可，修改用户浏览器或其他相关设置，迫使用户访问特定网站或导致用户无法正常上网的行为；④ 广告弹出：指未明确提示用户或未经用户许可，利用安装在用户计算机或其他终端上的软件弹出广告的行为；⑤ 恶意收集用户信息：指未明确提示用户或未经用户许可，恶意收集用户信息的行为；⑥ 恶意卸载：指未明确提示用户、未经用户许可，或误导、欺骗用户卸载其他软件的行为；⑦ 恶意捆绑：指在软件中捆绑已被认定为恶意软件的行为；⑧ 其他侵害用户软件安装、使用和卸载知情权、选择权的恶意行为。

互联网上侵犯隐私权的具体行为，归纳起来主要有以下 4 种情况：① 非法收集、利用个人数据。不经合法授权，一些人利用网络跟踪软件（如 Cookies 等），在网络聊天室、虚拟社区、同学录、QQ、MSN 及其他类型的个人聊天、群聊等网络区域跟踪用户上网行动，收集用户上网习惯，如用户喜欢访问的网站、在各网站停留时间的长短等，并由此建立起庞大的用户个人信息数据库，再将这些数据库用于自身的营销战略或以高价贩卖给其他商家，从中获取巨额利润。例如，号称掌握一亿用户上网习惯的 DoubleClick 公司，为了使自己的广告更具有针对性，就采用 Cookies 软件进行上述活动。② 非法监视和干涉私人网上活动。一些人利用互联网络监视和截取他人电子邮件、QQ 信息，窃取他人账号，干涉他人行为或者进行非法活动。如现有不少企业非法监视员工的个人电子邮件，黑客或网络服务提供商截取和篡改网民个人的电子邮件及利用电子监控系统监视他人在网上的言行等。③ 非法侵入、窥探个人网络领域，包括非法侵入他人局域网和电脑，进行浏览、下载、更改、删除、窃取等破坏活动，以及向个人电子邮箱投放垃圾邮件等行为。英特尔公司 1999 年以硬件的方式赋予每一个 PentiumⅢ处理器一个独一无二的"安全程序"PSN，使得每个使用该处理器的计算机在网络中的身份极易被识别，从而可跟踪用户的一举一动，监视用户的接发信息。④ 擅自在网上泄露他人隐私。未经他人同意或者授权，一些人非法泄露个人网络隐私，包括通过合法途径收集的个人网络隐私。

2018 年 3 月，Facebook 公司被爆出大规模数据泄露，且这些泄露的数据被恶意利用，引起国内外普遍关注。2018 年，我国也发生了包括十几亿条快递公司的用户信息、2.4 亿条某连锁酒店的入住信息、900 万条某网站用户数据信息、某求职网站用户个人求职简历等数据泄露事件，这些泄露数据包含了大量的个人隐私信息，如姓名、地址、银行卡号、身份证号、联系电话、家庭成员等，给我国网民人身安全、财产安全带来了安全隐患。

面对前所未有的信息相关技术对人类隐私的围追堵截，个人的力量已弱不禁风，政府和法律应为公民的隐私保护提供更为强大的防火墙。中华人民共和国国务院新闻办公室发表的《中国互联网状况》白皮书明确指出要依法保护公民网上隐私：保护互联网上的个人隐私关系人们对互联网的安全感和信心。中国政府积极推动健全相关立法和互联网企业服务规范，不断完善公民网上个人隐私保护体系。《全国人民代表大会常务委员会关于维护互联网安全的决定》规定，非法截获、篡改、删除他人邮件或其他数据资料，侵犯公民通信自由和通信秘密，构成犯罪的，依照刑法有关规定追究刑事责任。依据互联网行业自律规范，互联网服务提供者有责任保护用户隐私，在提供服务时应公布相关隐私保护承诺，提供侵害隐私举报受理渠道，采取有效措施保护个人隐私。

2.3.3 互联网与知识产权

1. 互联网知识产权

知识产权是指人类智力劳动产生的智力劳动成果所有权。它是依照各国法律赋予符合条件的著作者、发明者或成果拥有者在一定期限内享有的独占权利，一般认为它包括版权(著作权)和工业产权。知识产权不仅包括著作、歌曲、电影、视频、绘画等文学艺术作品，还包括计算机程序(代码)、发明、专利等。

网络知识产权不但具有知识产权特征，还具有网络特征。首先是虚拟性，网络环境中，知识产权的非实体性越来越明显，过程是虚拟的，这就会使知识产权的保护工作，表现出越来越多的紧迫性和复杂性；其次是可复制性，网络知识产权的可复制性，既包括文献上传、下载，也包括网络服务器在信息传输过程中进行的复制等。基于以上特点，网络环境下知识产权的保护比传统知识产权的保护更为困难，如何协调网络知识产权的保护是我们面临的一个巨大挑战。互联网的出现，给著作权、商标权、专利权等知识产权的保护带来了前所未有的挑战。互联网给信息的传播提供了便捷、高效的高速公路，也给侵权者提供了更为快捷、隐蔽的作案手段。

我国传统的知识产权主要是指著作权、商标权和专利权。网络上的侵犯知识产权的行为主要表现为侵犯著作权。互联网著作权侵权形式主要包括：一是转载侵权，指将作者已经发表、但明确声明不得转载的作品在网络上予以转载，或者著作权人虽然没有声明不得在网络上转载，但转载时没有标明作者姓名、转载发表后也没有向相关的著作权人支付使用费的行为；二是网络抄袭与剽窃，这是指单位或者个人剽窃使用网络及其他媒体上已经发表的文字、图片、影音等资源用于非公益目的，即大段抄袭或者剽窃著作权人的作品，在网络上以自己的名义发表、传播，这种行为既侵犯了著作权人的人身权——署名权，也侵犯了著作权人的财产权——信息网络传播权和获得报酬权；三是下载侵权，这是指有些商业性组织未经网站和著作人同意，私自下载、出版网络上的文字、影音等作品，获取高额利润的行为。事实上，下载侵权已经构成了现实生活中网络侵权的主要形式之一①。

我们应合法合理保护知识产权，不得滥用权利，破坏网络生态。2019年4月10日，"事件视界望远镜"项目(EHT)发布了他们第一次拍到的黑洞照片。2019年4月11日上午，主打"正版商业图片"的视觉中国网站上出现了这张在互联网上疯传一夜的"甜甜圈"（黑洞照片），并打上了"视觉中国"标签。图片旁边的基本信息栏注明"此图为编辑图片，如用于商业用途，请致电或咨询客户代表"。这意味着视觉中国拥有这张黑洞照片的版权。而黑洞图片的原版权方欧洲南方天文台介绍，使用其网站上的图片、文字等，没有特别说明的话，一般都遵循相应的授权协议，清晰署名即无需付费使用。换句话说，只要标明黑洞图片来源，即可自由使用，甚至用作商业目的。2019年4月11日下午，共青团中央官微发布两张截图，分别是视觉中国网站上提供的中华人民共和国国旗和国徽图案的截屏。上述截屏中带有"版权所有：视觉中国"的版权声明以及如用于商业的咨询电话。团中央官微质问视觉中国影像"国旗、国徽的版权也是贵公司的？"。针对视觉中国网站传播违法有害信息的情况，天津市互联网信息办公室依法约谈网站负责人，责令该网站立即停止违法违规行为，全面彻底整改。

2. 取之有道

2011年2月，德国不来梅大学法学教授菲舍尔·莱斯卡诺和法兰克福大学法学专家费利克斯汉施曼一起，在《法学批评》杂志就德国国防部部长古藤贝格 2007 年在拜罗伊特大学提交的博士论文《宪法与宪法条约——

① 于帆. 论网络环境下知识产权的法律保护[J]. 法制与社会，2011(3).

美国和欧盟的立宪发展阶段》发表评论。评论认为，该论文不仅水平"一般"，而且有多处抄袭，性质为"系统抄袭""放肆欺骗"。对于有关抄袭的指责，古滕贝格刚开始时回应说是"无稽之谈"。21 日，古滕贝格终于承认有错，表示"持久地不再使用博士头衔"。23 日，德国拜罗伊特大学宣布，收回曾授予国防部长古滕贝格的法学博士学位。3 月 1 日，古滕贝格向德国总理默克尔递交辞呈。

信息时代，我们简单移动鼠标进行复制和粘贴，网络内容就可占为己有。在美国，日新月异的计算机网络技术"造成了整整一代人普遍从事盗版和侵权行为，他们完全无视别人的知识产权。除了非法下载电影和音乐外，他们还剽窃别人的论文、研究成果、诗歌、小说以及在技术上可以数字化和复制的任何东西。我们的孩子还在中学或者大学的时候就养成了盗取他人成果的习惯，他们抄袭别人的研究成果，当做是自己的课程论文、研究报告或毕业论文。2005 年 6 月，美国学术道德中心对 5 万名大学本科生进行了调查，发现 70%的大学生都有过某种形式的欺诈行为，更可怕的是，77%的的大学生认为网络剽窃不是很严重的问题。这一调查结果让人担忧，它反映出我们的网络和文化还存在严重的问题：数字革命培养了整整一代将网络信息视为公共财产，并只知道复制和粘贴的公民[①]"。

抄袭(或剽窃)，从其内容看，指将他人的作品当做自己的作品发表的行为。从其形式看，有原封不动或者基本原封不动地复制他人作品的行为，也有经改头换面后将他人受著作权保护的独创成分窃为己有的行为，前者在著作权执法领域被称为低级抄袭，后者被称为高级抄袭。

目前，国内青年从业者和青年学生侵犯知识产权现象相当普遍，论文往往就是在网上"搜索、剪切、复制、粘贴"一气呵成。据调查显示：曾经至少有过一次直接从网络上下载文章不经过任何修改当成作业交给老师的大学生占 50%；对于网上抄袭论文，有 40.8%的大学生认为无所谓，有 25.3%的大学生承认自己在网上抄袭过论文，有 85%的大学生曾经通过网络下载拼凑论文[②]。

搜索引擎是人们登录上网的重要互联网应用，它使每个人与任何问题

---

① 安德鲁·基恩. 网民的狂欢[M]. 海口：南海出版公司，2010：141.

② 王贤卿. 道德是否可以虚拟——大学生网络行为的道德研究[M]. 上海：复旦大学出版社，2011：179.

的答案之间的距离只有点击一下鼠标那么远，这给不良的写作习惯——抄袭提供了方便，侵犯知识产权变得容易。针对学位论文学术不端行为的日益严重，行政部门开始行动，2011 年 1 月，为防止学位论文抄袭，山东各高校普遍启用了"学位论文学术不端行为检测系统"。从根本上说，这是要培养公民的诚信意识和品质。抄袭有违伦理道德，有悖于诚信这一做人的基本准则。孔子说"人而无信，不知其可也"。人若不讲信用，在社会上就无立足之地，什么事情也做不成。因此诚信是立人之本，网上信息要取之有道。

2.4　拓展阅读

《中华人民共和国网络安全法》（节选）

（2016 年 11 月 7 日第十二届全国人民代表大会常务委员会第二十四次会议通过）

第三章　网络运行安全

第一节　一　般　规　定

第二十一条　国家实行网络安全等级保护制度。网络运营者应当按照网络安全等级保护制度的要求，履行下列安全保护义务，保障网络免受干扰、破坏或者未经授权的访问，防止网络数据泄露或者被窃取、篡改：

（一）制定内部安全管理制度和操作规程，确定网络安全负责人，落实网络安全保护责任；

（二）采取防范计算机病毒和网络攻击、网络侵入等危害网络安全行为的技术措施；

（三）采取监测、记录网络运行状态、网络安全事件的技术措施，并按照规定留存相关的网络日志不少于六个月；

（四）采取数据分类、重要数据备份和加密等措施；

（五）法律、行政法规规定的其他义务。

第二十二条　网络产品、服务应当符合相关国家标准的强制性要求。网络产品、服务的提供者不得设置恶意程序；发现其网络产品、服务存在安全缺陷、漏洞等风险时，应当立即采取补救措施，按照规定及时告知用户并向有关主管部门报告。

网络产品、服务的提供者应当为其产品、服务持续提供安全维护；在规定或者当事人约定的期限内，不得终止提供安全维护。

网络产品、服务具有收集用户信息功能的，其提供者应当向用户明示并取得同意；涉及用户个人信息的，还应当遵守本法和有关法律、行政法规关于个人信息保护的规定。

第二十三条　网络关键设备和网络安全专用产品应当按照相关国家标准的强制性要求，由具备资格的机构安全认证合格或者安全检测符合要求后，方可销售或者提供。国家网信部门会同国务院有关部门制定、公布网络关键设备和网络安全专用产品目录，并推动安全认证和安全检测结果互认，避免重复认证、检测。

第二十四条　网络运营者为用户办理网络接入、域名注册服务，办理固定电话、移动电话等入网手续，或者为用户提供信息发布、即时通讯等服务，在与用户签订协议或者确认提供服务时，应当要求用户提供真实身份信息。用户不提供真实身份信息的，网络运营者不得为其提供相关服务。

国家实施网络可信身份战略，支持研究开发安全、方便的电子身份认证技术，推动不同电子身份认证之间的互认。

第二十五条　网络运营者应当制定网络安全事件应急预案，及时处置系统漏洞、计算机病毒、网络攻击、网络侵入等安全风险；在发生危害网络安全的事件时，立即启动应急预案，采取相应的补救措施，并按照规定向有关主管部门报告。

第二十六条　开展网络安全认证、检测、风险评估等活动，向社会发布系统漏洞、计算机病毒、网络攻击、网络侵入等网络安全信息，应当遵守国家有关规定。

第二十七条　任何个人和组织不得从事非法侵入他人网络、干扰他人网络正常功能、窃取网络数据等危害网络安全的活动；不得提供专门用于从事侵入网络、干扰网络正常功能及防护措施、窃取网络数据等危害网络安全活动的程序、工具；明知他人从事危害网络安全的活动的，不得为其提供技术支持、广告推广、支付结算等帮助。

第二十八条　网络运营者应当为公安机关、国家安全机关依法维护国家安全和侦查犯罪的活动提供技术支持和协助。

第二十九条　国家支持网络运营者之间在网络安全信息收集、分析、通报和应急处置等方面进行合作，提高网络运营者的安全保障能力。

有关行业组织建立健全本行业的网络安全保护规范和协作机制，加强对网络安全风险的分析评估，定期向会员进行风险警示，支持、协助会员应对网络安全风险。

第三十条　网信部门和有关部门在履行网络安全保护职责中获取的信息，只能用于维护网络安全的需要，不得用于其他用途。

第四章　网络信息安全

第四十条　网络运营者应当对其收集的用户信息严格保密，并建立健全用户信息保护制度。

第四十一条　网络运营者收集、使用个人信息，应当遵循合法、正当、必要的原则，公开收集、使用规则，明示收集、使用信息的目的、方式和范围，并经被收集者同意。

网络运营者不得收集与其提供的服务无关的个人信息，不得违反法律、行政法规的规定和双方的约定收集、使用个人信息，并应当依照法律、行政法规的规定和与用户的约定，处理其保存的个人信息。

第四十二条　网络运营者不得泄露、篡改、毁损其收集的个人信息；未经被收集者同意，不得向他人提供个人信息。但是，经过处理无法识别特定个人且不能复原的除外。

网络运营者应当采取技术措施和其他必要措施，确保其收集的个人信息安全，防止信息泄露、毁损、丢失。在发生或者可能发生个人信息泄露、毁损、丢失的情况时，应当立即采取补救措施，按照规定及时告知用户并向有关主管部门报告。

第四十三条　个人发现网络运营者违反法律、行政法规的规定或者双方的约定收集、使用其个人信息的，有权要求网络运营者删除其个人信息；发现网络运营者收集、存储的其个人信息有错误的，有权要求网络运营者予以更正。网络运营者应当采取措施予以删除或者更正。

第四十四条 任何个人和组织不得窃取或者以其他非法方式获取个人信息，不得非法出售或者非法向他人提供个人信息。

第四十五条 依法负有网络安全监督管理职责的部门及其工作人员，必须对在履行职责中知悉的个人信息、隐私和商业秘密严格保密，不得泄露、出售或者非法向他人提供。

第四十六条 任何个人和组织应当对其使用网络的行为负责，不得设立用于实施诈骗，传授犯罪方法，制作或者销售违禁物品、管制物品等违法犯罪活动的网站、通讯群组，不得利用网络发布涉及实施诈骗，制作或者销售违禁物品、管制物品以及其他违法犯罪活动的信息。

第四十七条 网络运营者应当加强对其用户发布的信息的管理，发现法律、行政法规禁止发布或者传输的信息的，应当立即停止传输该信息，采取消除等处置措施，防止信息扩散，保存有关记录，并向有关主管部门报告。

第四十八条 任何个人和组织发送的电子信息、提供的应用软件，不得设置恶意程序，不得含有法律、行政法规禁止发布或者传输的信息。

电子信息发送服务提供者和应用软件下载服务提供者，应当履行安全管理义务，知道其用户有前款规定行为的，应当停止提供服务，采取消除等处置措施，保存有关记录，并向有关主管部门报告。

第四十九条 网络运营者应当建立网络信息安全投诉、举报制度，公布投诉、举报方式等信息，及时受理并处理有关网络信息安全的投诉和举报。

网络运营者对网信部门和有关部门依法实施的监督检查，应当予以配合。

第五十条 国家网信部门和有关部门依法履行网络信息安全监督管理职责，发现法律、行政法规禁止发布或者传输的信息的，应当要求网络运营者停止传输，采取消除等处置措施，保存有关记录；对来源于中华人民共和国境外的上述信息，应当通知有关机构采取技术措施和其他必要措施阻断传播。

第3章

Web 2.0 及其伦理

完美无瑕的人性，就是关心他人胜过关心自己，就是公正无私和慈善博爱的情怀。唯有如此，人与人之间才能达到感情上的沟通与和谐，才能产生得体适度的行为。

——亚当·斯密

3.1　Web 2.0

3.1.1　Web 2.0 的特征

博客蜂拥而至，各类离线或在线 RSS 阅读器充斥市场，人们用 Wiki 共同编写一部大百科全书，通过在网络上认识朋友的朋友来扩展自己的人脉时，人们不禁惊呼，Web 2.0 时代已经到来。

如果说 Web 1.0 的阶段性特征是商业化，突出属性是媒体属性；那么，Web 2.0 的阶段性特征是社会化，突出属性是社交。

关于 Web 1.0 和 Web 2.0 的区别，猫扑网董事长兼 CEO 陈一舟这样总结：从知识生产的角度看，Web 1.0 的任务是将以前没有放在网上的人类知识，通过商业的力量，放到网上去；而 Web 2.0 的任务是将这些知识通过每个用户浏览求知的力量，协同工作，把知识有机地组织起来，在这个过程中继续将知识深化，并产生新的思想火花。从内容生产者角度看，Web 1.0 是以商业公司为主体把内容往网上搬，而 Web 2.0 则是以用户为主，以简便随意的方式，通过 blog/podcasting 的方式把新内容往网上搬。从交互性看，Web 1.0 中网站以用户为主，而 Web 2.0 是以 P2P 为主。从技术上看，Web 2.0 是 Web 客户端化，工作效率越来越高。比如，像 AJAX 技术、GoogleMap 和 Gmail 把 Web 2.0 用得出神入化。

通过上述互联网两个时代的对比可以看出，互联网用户从上网"冲浪"到自己"织网"，从信息消费者变为信息生产者。

Web 2.0 技术应用主要包括：博客、RSS、百科全书(Wiki)、网摘(Tag)、社会网络(SNS)、P2P、即时信息(IM)等。

3.1.2　Web 2.0 时代 IT 创新：维基百科、社交网站、腾讯

Web 2.0 为网络社会提供了更多的理念与技术滋养，造就了由"全民上网"到"全民织网"的大众网络文化生活图景。维基百科和社交网站是 Web 2.0 应用创新的典范，腾讯的成长一定程度上标志着中国互联网的崛起。

1.　维基百科

维基百科(Wikipedia)是一个基于维基技术的多语言百科全书协作计划，是用多种语言编写的网络百科全书。Wiki 一词源于夏威夷语的"wee kee wee kee"，本来是"快点快点"之意。在这里，Wiki 提供的是一种超文本系统，它支持面向社群的协作式写作，同时也包括一组支持这种写作的辅助工具。Wiki 站点可以由多人维护，每个人都可以发表自己的意见，或者对共同的主体进行扩展和探讨。Wiki 对于共建共享知识库有重要意义。

2001 年 1 月 15 日，吉米·威尔士与拉里·桑格两人合作创建了维基百科网站，它的图标是一个包含各种语言中与 w 发音类似文字的球形(见图 3-1)，桑格提出新词"Wikipedia"。

图 3-1　维基百科图标

维基百科是一个网络百科全书项目，其最大特点是自由内容、自由编辑。它是全球网络上最大且最受大众欢迎的参考工具书，名列全球十大最受欢迎的网站之一。维基百科由非营利组织维基媒体基金会负责营运。Wikipedia 是一个混成词，取自网站核心技术"Wiki"和英文中百科全书之意的"encyclopedia"。创立之初，维基百科的目标是向全人类提供自由的百科全书，希望各地民众用自己选择的语言参与编辑条目。

由于维基百科更加自由并且是开放性编辑，越来越多的网民被其吸引，并参与到编辑工作汇总中。在著名科技网站 Slashdot 的接连 3 次报道之后，维基百科开始受到信息技术业界的关注，同时在 Google 等搜索引擎中的出现也帮助维基百科的浏览量迅速达到每天数千次，其中作为维基百科最早语言版本的英语维基百科在 2001 年 2 月 12 日约有 1000 篇文章，到了同年 9 月 7 日已经迅速突破了 10 000 篇条目。到了 2001 年年底，世界各地的志愿者已经创建了超过 20 000 篇条目。2002 年 10 月，英语维基百科的注册用户"Ram-Man"首次使用机器人软件来编辑，通过软件自动地从人口普查报告中截取有用信息并增加在相应的美国城市条目上，之后许多类似的软件也陆续地应用于不同主题的条目上。

维基百科号称属于可自由访问和编辑的全球知识体，这意味维基百科除传统百科全书所收录的信息外，也可以收录非学术但具有一定媒体关注度的动态事件。

维基百科是一个强调自由内容(Copyleft)、协同编辑以及多语言版本的网络百科全书项目，以互联网和 Wiki 技术作为媒介，已发展为一项世界性的百科全书协作计划。

维基百科允许访问网站的用户自由阅览和修改绝大部分页面的内容，整个网站的总编辑次数已超过 10 亿次。截至 2012 年 8 月，整个维基百科计划总共有 285 种独立运作的语言版本，且已被普遍认为是规模最大且最流行的网络百科全书。根据知名的 Alexa Internet 统计显示，全世界总共有近 3.65 亿名民众使用维基百科，且维基百科也是全球浏览人数排名第 5 多的网站，同时也是全世界最大的无广告网站。根据估计，每个月有将近 2.7 亿的美国人前往该网站浏览。

维基百科能够十分迅速地整理出与最近发生事件相关的信息，并且任何人都能够深入整理数据内容，这使得许多人渐渐将维基百科视为一个新闻来源。同时为方便一般学生或者浏览群众简单了解条目的内容，维基百科中的绝大多数条目都尽可能以简单的话语来解释复杂的概念。

随着维基百科的普及，维基新闻、维基教科书等姊妹计划也随之应运而生。尽管维基百科在其官方政策上坚决拥护可供查证、中立观点这两项要求，维基百科仍因任何人都能参与编辑的特性受到了社会上许多人士的批评，其中以条目的质量、信息的准确度、呈现态度的客观性以及无法提供一致的准确内容为多。

2. 社交网站(SNS)

社交网站全称为 Social Network Site，即"社交网站"或"社交网"。社交网站的理论基础是六度分隔(Six Degrees of Separation)理论，即"你和任何一个陌生人之间所间隔的人不会超过六个"，也就是说，最多通过六个人你就能够认识任何一个陌生人。

Friendster 是最早的社交网站之一，2002 年由加拿大的计算机程序员乔纳森·艾布拉姆斯(Jonathan Abrams)在美国加州创建。这个名字来源于英文"朋友"(friend)和曾经非常流行的 Napste 的拼合。基于朋友圈的概念，Friendster 允许用户们组成一个个小的群体，发现并讨论对他们来说非常重要的人和事。Friendster 的创建与流行早于 MySpace、Facebook 等其他知名的社交网站。

Facebook 则是影响最为深远的社交网站。

2003 年 10 月 28 日，还是哈佛大学本科生的马克·扎克伯格(Mark Zuckerberg)(见图 3-2)编写了一个名为 Facemash 的网站，Facemash 是哈佛版美女帅哥评选网站，每次将两张女(男)生照片放置在一起，让用户选择哪一位更吸引人。为了达成这个功能，扎克伯格入侵了哈佛大学的计算机网络，并拷贝了学生的照片。网站上线后的 4 小时内，吸引了 450 位访问用户，产生了 2.2 万页面浏览量，并开始迅速地传播到其他的校内服务器。数日后，Facemash 被哈佛校方强制关闭，扎克伯格当时也面临着退学处分。校方指控他破坏安全、侵犯著作权以及侵犯个人隐私，但最后这些指控和处分被撤销。

图 3-2　马克·扎克伯格和 Facebook

2004 年 2 月 4 日，受到 Facemash 的启发，扎克伯格上线了社交网站 Thefacebook，网址是 thefacebook.com。最初，Thefacebook 网站的注册仅限于哈佛大学的学生。在之后的两个月内，注册扩展到波士顿地区的其他高校，包括波士顿学院、波士顿大学、麻省理工学院、塔夫茨大学，以及罗切斯特大学、斯坦福大学、纽约大学、西北大学和所有的常春藤名校。之后不久，Thefacebook 向大部分美国和加拿大境内的大学师生开放。

2005 年，Thefacebook 以 20 万美元的价格购得了 facebook.com 域名，并宣布将"The"从名称中去掉，正式更名为 Facebook，更名后的 Facebook 逐渐扩大其运营范围。2005 年 9 月 2 日，Facebook 推出高中版的网站，同时将其运营范围扩展至包括苹果和微软在内的数家公司员工。2006 年 9 月 26 日，Facebook 正式对所有年满 13 岁且持有一个有效电子邮箱地址的人开放。

2012 年 5 月 18 日，Facebook 以每股 38 美元的价格首次公开募股(募集资金 160 亿美元)，正式在纳斯达克上市，其市值超过 1000 亿美元。在 2018 年 4 月 22 日发布的 2017 年全球最赚钱企业排行榜上，Facebook 排名第 20。

国内影响较大的社交网站是人人网(校内网)、豆瓣、虎扑等。

3. 腾讯

1998 年 11 月 12 日，马化腾和他大学时的同班同学张志东正式注册成立"深圳市腾讯计算机系统有限公司"。公司成立时的主要业务是为寻呼台建立网上寻呼系统，这种针对企业或单位的软件开发工程可以说是当时几乎所有中小型网络服务公司的最佳选择。1997 年，马化腾接触到了 ICQ 并成为它的用户，他亲身感受到了 ICQ 的魅力，也看到了它的局限性：一是英文界面，二是在使用操作上有相当的难度，这使得 ICQ 在国内使用的虽然也比较广，但始终不是特别普及，大多限于"网虫"级的高手里。马化腾和他的伙伴们起初想开发一个中文 ICQ 的软件，然后把它卖给有实力的企业，腾讯当时并没有想过自己经营需要投入巨大资金而又挣不了钱的中文 ICQ。当时是因为一家大企业有意投入较大资金到中文 ICQ 领域，腾讯也写了项目建设书并且已经开始着手开发设计 OICQ，到投标的时候，腾讯公司没有中标，结果腾讯决定自己做 OICQ。

1999 年 2 月，腾讯公司即时通信服务(OICQ)开通，与无线寻呼、GSM 短消息、IP 电话网互联。1999 年 11 月，QQ 用户注册数达 100 万。2001 年 2 月，腾讯 QQ(见图 3-3)注册用户数已增至 5000 万，2002 年 3 月，QQ 注册用户数突破 1 亿大关，2004 年 4 月，QQ 注册用户数再创高峰，突破 3 亿大关。

图 3-3 腾讯 QQ 小企鹅

2010 年 3 月 5 日 19 时 52 分 58 秒，腾讯 QQ 最高同时在线用户数突破 1 亿，这是人类进入互联网时代以来，全世界首次单一应用同时在线人数突破 1 亿。

2011 年 1 月 21 日，腾讯推出为智能手机提供即时通信服务的免费应用程序：微信。2013 年 1 月，微信和 WeChat 总注册用户数突破 3 亿。

通过互联网服务提升人类生活品质是腾讯的使命。腾讯把"连接一切"作为战略目标，提供社交平台与数字内容两项核心服务。腾讯通过即时通信工具 QQ、移动社交和通信服务程序微信和 WeChat、门户网站腾讯网（QQ.com）、腾讯游戏、社交网络平台 QQ 空间等中国领先的网络平台，满足互联网用户沟通、资讯、娱乐和金融等方面的需求。腾讯的发展深刻地影响和改变了数以亿计网民的沟通方式和生活习惯，并为中国互联网行业开创了更加广阔的应用前景。

2017 年 8 月 3 日，2017 年"中国互联网企业 100 强"榜单发布，腾讯排名第 1 位。

3.1.3　Web 2.0 的伦理意蕴

Web 2.0 的伦理意蕴体现在以下几个方面：

平等、民主、自由精神充分体现。"Web 2.0 其本质是社会化的互联网，是要重构过去的少数人主导的集中控制式的体系而更多关注个体以及在个体基础上形成的社群并在充分激发释放出个体能量的基础上带动体系的增长"①。从 Web 1.0 到 Web 2.0，互联网体系内实现了由原来的自上而下的由少数资源掌握者集中控制主导到自下而上的由广大用户集体智慧和力量主导的转变，这不仅是网络技术的升级换代，也是互联网应用理念和思想体系的升级刷新。Web 2.0 不单纯是技术或者解决方案，还是一套可执行的理念体系，实践着网络社会化和个性化的理想，使个人成为真正意义上的驾驭网络技术的主体。在 Web 2.0 所提供的开放共享的网络环境下，社会全体人员一起参与创造互联网，充分体现了平等、民主、自由的互联网精神。

"人人为我，我为人人"伦理诉求。个人化和去中心化是 Web 2.0 的显著特征，Web 2.0 框架下的互联网服务已经成为具有强烈的聚合性、社会性、开放性、创新性和自组织性的工具。Web 2.0 时代的互联网是信息流动传输的平台、服务提供的平台和业务聚合的平台。任何人都是平等的

---

① 《2005—2006 年中国 Web 2.0 现状与趋势调查报告》。

信息提供者和获取者、服务的提供者和使用者，自管理、自服务。基于此，Web 2.0 实现了网络技术发展自身内在的伦理诉求：人人为我，我为人人①。

主体能动性、创造性充分张扬。Web 2.0 高度的用户参与性、用户身份的平等性及平台的开放性从技术上保障了信息发布的去中心化和自由度，技术从冰冷的机器语言回归为开放、人性化和去中心化的应用，信息资源的生产是协作又平等共享的，网民被动的、边缘的地位发生了根本的改变。Web 2.0 为大学生开创了一个平等参与、自由探索、自主创造的空间，主体性和创造性得以充分发挥。

道德迷失和不良网络文化加剧。互联网是一把双刃剑。Web 2.0 网络技术中的在线表达与生成工具使人们有了更多的发布思想的空间，由此产生的一些不良网络文化也初露端倪。

3.2 案例分析讨论：咪蒙与《一个出身寒门的状元之死》

 案例 ••

咪蒙，本名马凌，女，汉族，1976 年 12 月出生于四川南充，文学硕士，曾在《南方都市报》做了 12 年的纸媒工作，自媒体兴起后主动转型成为自媒体人。2015 年 9 月 15 日，她以"咪蒙"为名注册微信账号，并在公众号中发出了第一篇文章《女友对你作？你应该谢天谢地，因为她爱你》，2015 年 12 月 12 日发表的《致贱人：我凭什么要帮你?!》一文刷爆朋友圈，粉丝从 20 多万涨到 100 多万，此后爆文不断。咪蒙本人也因此赚得盆满钵满，走上人生的巅峰。

一有新闻热点出现，咪蒙公众号都会发布相关的文章。伴随着多篇"性格鲜明"的文章的成功发布，咪蒙公众号便以惊人的速度开始涨粉。2017

---

① 郑冬梅. 教育技术理性的伦理意蕴——基于 Web 2.0 的网络教育文化视角的分析[J].
中国电化教育，2011(3).

年，咪蒙公众号已经为她带来了 8 位数的年收入、890 万的微信用户粉丝、日活跃度 300 万的读者。到了 2018 年 1 月，她的微信用户粉丝已增至 1400 万。

咪蒙选择了迎合读者并且选择最具有攻击性的词汇去表达观点，咪蒙公众号的文章观点偏激，行文风格煽动性强，主要是告诉大家"这个社会太黑暗，因此你放纵、堕落、发泄、自私都是可以被理解的"，让听到的人信以为真，不成功就怪社会黑暗，将责任怪在社会上，就可以"甩锅"出去，继续心安理得地不去改变生活，其中多篇文章都引发了舆论的不同反响，"但深受广告主的追捧，广告报价在公开数据中占首位"①。据调查，咪蒙微信公众号的软文广告报价为：头条 68 万元，栏目冠名 30 万元，底部 banner 25 万元；二条软文 38 万元，底部 banner 15 万元。

2019 年 1 月 29 日晚，一篇名为《一个出身寒门的状元之死》的文章引爆朋友圈。文章中，一位化名为"周有择"的寒门学子，高考后成为全市理科状元，进入大学后勤工俭学为妹妹攒学费，最终因罹患胃癌去世。文章的介绍虽然详尽，文风也容易引起读者的关注，但细节方面的各种错误和破绽百出，根本经不起推敲，同时价值观等方面的原因，更是引发了舆论风波。

2019 年 2 月 1 日，咪蒙在微博宣布：咪蒙微信公众号停更 2 个月、咪蒙微博永久关停。随后，咪蒙就此事在网上发表道歉信表示："针对咪蒙团队在网上引发的负面影响，我们进行了认真深刻的反省。我们为所犯的错误，真诚地向大家道歉。"

同日，人民日报官微就咪蒙事件发表评论："咪蒙发道歉信，避实就虚，避重就轻，暴露出一贯的擦边球思维。当文字商人没错，但不能尽熬有毒鸡汤；不是打鸡血就是洒狗血，热衷精神传销，操纵大众情绪，尤为可鄙。若不锚定健康的价值坐标，道歉就是暂避风头，'承担起相应的社会责任'就变成一地鸡毛。"

2019 年 2 月 21 日，咪蒙正式注销微信公众号"咪蒙"，同系账号"才华有限青年"同时被注销。

一个拥有 1400 多万粉丝，年收入超过 8 位数的知名自媒体，在不到 1 个月的时间里，完成了从顶端到被注销的"华丽转身"，从此销声匿迹。

---

① 靳锦. 咪蒙：网红、病人，潮水的一种方向[EB/OL]. https://36kr.com/p/5066620.html.

【分析】

咪蒙公众号拥有1400多万粉丝，无疑是大V级别的存在，作为一个"爆款"号，其强势崛起而发展壮大到注销而轰然倒塌，从"刷屏"到"打脸"，并且与之关联的相关阵营也一并崩落，其中的原因有哪些？

首先，这是文章材料本身的不真实所致，而且还有意掩盖。比如，文章中某电视剧的上线时间与现实出现偏差、误以为诺贝尔有数学奖，以及文章中的状元分数与现实中的状元分数不同等一系列错误，都让读者们对文章的真实性产生怀疑。该文章很多事实都没有搞清楚，却故意以寒门、状元、英年早逝等引人瞩目的关键词来制造热点，以第一人称进行叙事，用"寒门+状元+死亡"等字眼一下子抓住了读者的眼球，实现刷屏，但实际上该文存在着明显的胡编乱造的痕迹。再如，其编造的状元等细节均已被网友证实是子虚乌有，但其却发布声明，否认文章是虚构写作，称故事背景和核心事件绝对真实，只是在细节上为了保护当事人的信息作了模糊化处理。

其次，该文中背离了社会美德，充斥其中的更多是对社会的不满和怨恨。在文中，出身寒门的状元学子通过勤奋努力实现人生逆袭考上名校，然而走入社会后却处处受限，还承担着供养妹妹上大学的重担，不仅未能扛住生存的压力，更为悲剧的是在25岁时就因病早逝了……这种生存与困惑、成功与欲望、攀比与焦虑等交织在一起，无疑是通过抓住当下年轻人的焦虑点，刻意制造和放大社会焦虑情绪，有意渲染社会阶层的固化与无法逾越，通过整合并覆盖当下敏感的热门话题来博取眼球，让人看不到社会的进步与美德的力量，在看似善良的意图下给读者喝下一碗心灵的毒鸡汤。

再次，这是互联网营销中盲目逐利而不顾社会责任所致，是典型的功利主义。相信流量就是商业价值，赚钱才能维持价值，而完全甚至根本忽视其弘扬正能量、凝聚共识的社会责任，认为只有通过新媒体的传播获得更多的流量才能获得套现，是典型的功利主义行为。

正如有评论说"这个支离破碎的糟糕时代和流量为王的市场经济，辜负了那一批怀揣着敬畏和尊严的文艺工作者""作者为了传播，为了煽动读者情绪，所用的表达方式太恶毒，太具有攻击性""丧失了自己曾经作为一个文化人的责任感和一个知识分子的羞耻心。咪蒙为了赚钱连脸都不要了"
"咪蒙只是一个商人，她所做的一切都只是为了发展粉丝，打造个人品牌，
从而在其中赚取更大的收益"。

人民日报批评其"文章漏洞百出，炮制造假痕迹明显"，并呼吁"公众
号当有公心，自媒体应当自重"。

【讨论】

(1) 请运用本书中的伦理分析工具对咪蒙公众号的行为进行道德分析。

(2) 根据案例，说一说我们该如何进行有效的网络表达。

3.3　相关伦理分析

3.3.1　网络表达

1. 网络表达的含义

表达是指个体或群体创造出的用来反映其观点、兴趣或才能的材料。
创造这些材料是为了便于其创造者以及在通常情况下的其他人进行观察、
产生兴趣或作出反应。表达也代表创造这些材料的个体或群体的观点、看
法、反省或品质。表达可以是任何外在的可觉察的形式，包括文本、声音
或图像①。

网络表达可以理解为网络参与活动，但仅是一种高级参与形式。网络
表达和作为网络参与形式的网际聊天存在许多共同的东西，比如观念的呈
现，但其本质和结果却根本不同。网际聊天的目的是交际、放松心情，因
而不会形成社会舆论；网络表达形式上是个人或群体关于社会政治、经济、
文化等的观点，本质上是带倾向性的意见、立论，有一定的利益诉求(无论
表达者是有意识或者是无意识的)，其结果可能形成社会舆论。事实上，有
些网络活动是多层面的，如网络围观，既是一种网络参与也可以是网络表

---

① 詹姆斯·E.凯茨，罗纳德·E.莱斯. 互联网使用的社会影响[M]. 北京：商务印书馆，
2007：16.

达。假如网友持续浏览和在各大论坛、博客及微博等媒体不断发帖更新引起新的话题，"围观"引发的热烈讨论常常推动事件的新发展，再次形成舆论新热点。换句话说，在网络围观中，因表达者本身的原因，在记述事件的过程中往往已经加进了自己的看法和理解，然后另外一群人针对这一记述开始围观，再加进各自的看法和理解，最后参与的围观者则已经分辨不清表述者的表述哪部分是事实，哪部分是自己的想法和理解，导致围观者们往往向大家一致认为的方向发展，即使是偏离事实的，围观者也认为是事实。因此，围观就不再是简单的网络参与，本质上是网络表达。

从网络表达的外延看，把网络表达理解为"任何外在的可觉察的形式，包括文本、声音或图像"并不准确，事实上，软件已是网络表达的重要形式，"网络因对其中行为规制程度的不同而有所区别。这一区别仅仅是代码问题——软件的不同"[①]。软件可以采用屏蔽等形式规制或者限制网络主体表达的内容。因此，网络表达是指个体或群体借助网络媒体公开发表自己意见、主张、观点、情感等内容，其形式包括有形的材料和无形的软件。

2. 网络表达工具

在互联网诞生之前，人们的交流是定向的、点对点的。假如有人试图通过传统的表达工具(如电话、信件等)向千百个人表达见解，其时间和金钱上的耗费是相当昂贵的。互联网的兴起大大改善了这一局面。网络日益发展成为人们表达的重要方式，这离不开网络表达工具的不断创新：电子邮件、新闻组、论坛/BBS、聊天工具(QQ、ICQ、MSN)、博客、播客、维基系统、虚拟社区、短信(SMS)、微博、微信等。QQ 和短信自诞生以来，一直是青年人最为频繁使用的两种网络工具，但其主要功能在于交往、信息传递。目前，作为网络表达的工具，我们主要讨论论坛/BBS、博客、微博和微信。

1) 论坛/BBS

论坛又名网络论坛 BBS，全称为 Bulletin Board System(电子公告板)。论坛是 Internet 上的一种电子信息服务系统，它具有交互性强、内容丰富

---

① 劳伦斯•莱斯格. 代码[M]. 北京：中信出版社，2004：34.

和即时的特征，用户在 BBS 站点上可以获得各种信息服务、发布信息、进行讨论、聊天等。

在中国，早期影响比较大的帖子是 1997 年老榕发在"四通利方"（四通利方是四通集团投资成立的民营高科技企业，公司成立于 1993 年年底，目标是创建国内一流的软件企业。1996 年 4 月 29 日，四通利方的第一个正式站点 www.srsnet.com 中文网站建设启动，1998 年，四通利方和当时建在美国加利福尼亚"硅谷"的华渊资讯网并购组建新浪网）体育沙龙的《1031：大连金州没有眼泪》。帖子讲述了老榕夫妻带着只有 9 岁的孩子小榕——对中国足球充满朴素情感的儿童——从福州专程坐飞机去大连观看世界杯外围赛十强赛"中国—卡塔尔"之战。帖子没有华丽的辞藻，没有热血沸腾的煽情。中国球迷正是以这种朴素的感情面对那些惨痛的失败：

终场哨声响了。可能是我的感觉这时也出了问题，觉得一时一片宁静。片刻，场内爆发出雷鸣般悲壮的掌声和欢呼声，只有我儿子终于在寒风中站立了两个小时后无力地坐下了。……我儿子坐在看台上赖着不走，说要等中国队出来向观众致谢，再亲眼看一看他心爱的海东。这时场内灯光已经熄灭，中国队早已逃一样消失了，连起码的出来鞠个躬的人都没有。这时我已经说不出话，旁边一位警察友善地上来对我儿子说："孩子，他们不敢出来见你啦。咱快走吧！"警察在孩子心中还是有威信的，儿子在他的搀扶下，一步一回头，走出体育馆。

短短两天之中，该帖点击量超过 2 万。这在今天看来实在不算什么，但在那时却是一个惊人的数字，全中国有将近 1/30 的网民看到了这篇文章，该帖一直留在新浪网体育沙龙中，点击量达到一个天文数字——8000 万次。

现在中国的 BBS 按其性质大致可分为三种：一是由政府下属的传媒机构主办的政治性站点，如人民网的"强国论坛"、新华网的"发展论坛"；二是由商业门户网站主办的附属讨论群，如网易论坛、搜狐论坛，在"百度"网站，网民几乎可以就任何话题设立专门论坛；三是只做 BBS 的社区门户站，如天涯社区、猫扑网以及各类高校 BBS 等。"从 20 世纪 90 年代后期开始，BBS 论坛开始在各大高校风靡起来。从最早的"水木清华"（清华大学 BBS 论坛)开始,到 2007 年 3 月止,根据不完全的统计,中国大陆地区有 81 所高校建立了 111 个 BBS 论坛网站,至 2017 年 8 月,我国使用 BBS 论坛的用户规模达到 1.126 亿人"[1]。水木清华 BBS 是清华大学目前的官方 BBS,也是中国教育网的第一个 BBS,正式成立于 1995 年 8 月 8 日。水木清华曾经是中国大陆最有人气的 BBS 之一,代表着中国高校的网络社群文化。但在 2005 年 3 月 16 日转变成为校内型后,水木清华的访问人数大幅下降,影响力已大不如前。

论坛/BBS 之所以能够成为网民意见表达的主战场,是因为它本身具有三种动力机制。一是 BBS 的热帖机制。大型 BBS 每天自发生产的内容无数,管理者为了吸引用户浏览,设置好首页或者"置顶"的话题至关重要。但很多时候,编辑没有足够的信息或能力来判断网民的阅读爱好,于是就研发了依据点击数和回帖量判断内容热门与否的管理程序。当一个话题被不同的网民反复点击,或者被许多网民回帖评论,该内容会自动推送到首页,从而被更多后来的网民点击评论。二是新闻的跟帖机制。尽管门户网站发表的新闻本身是经过把关的,但对网民发表读后感控制较松。在未加人工干预的情形下,跟帖的多寡与网民的关注度明显相关。跟帖不单是网民对新闻的简单态度和评议,它还可以相互取暖,可以不断追问,可以谐谑现实,可以一针见血,可以表达诉求,可以呼唤正义。跟帖呈现出的民意貌似散乱,却显然更接近真实世界的原生态,它还在无意中聚集了网民的偏好,彰显了草根抱团的力量。三是蚂蚁搬家的转帖机制。互联网缓解了网民的信息饥渴,但也制造了无数噪音,造成了信息超载的巨大焦虑。转帖并不是简单复制,而是不同背景的人对不同信息和意见的个性化筛选和再传播。一些可能引起读者兴趣的内容,很快会被无数新闻门户、专业网站、社区 BBS、兴趣小组、聊天室、个人博客转载。这种机制还使得内容监管的威力大大削弱,在此地被删除的意见,在更多的别地幸存。一传十、十传百的古典交头接耳模式,借助信息技术无损耗、低成本的"群发"功能,在很短时间内就能将事件或意见传递到广阔且纵深的地带[2]。这样,当网民

---

[1] 段昌林,陈盈西,鲍正德,等.浅谈国内 BBS 论坛的现状、发展与管理[J]. 电脑迷,2018(6).

[2] 李永刚. 我们的防火墙[M]. 南宁:广西师范大学出版社,2009:61-62.

的反应达到一定强度时，他们的意见或情绪，就会在更大范围内引起几何级数的震动和共鸣。

论坛的出现，不仅丰富了网络信息的传播方式，而且为广大网民提供了更为便捷的思想表达、交流渠道。通过论坛，网民们得以更方便地交流，更便捷地发表自己的观点，公开讨论时事新闻、社会事件等主题，各种思想观点得以自由碰撞，一举颠覆了用户在传统媒体信息传播中被动的受众地位，而且发布信息都是通过有记录的文字来进行，这样也避免了精华内容的流失；网民可以通过论坛来征集自己想要的信息，有更高的效率和时效性，且节约成本和资源；在论坛的交流过程中，无论喜怒哀乐用户都是在虚拟的环境中进行，也避免了正面的尴尬和冲突等；在论坛中，用户可以扮演任何角色，变换多种身份，网络的特征使得人民更加依赖于论坛中的交流。"正是论坛/BBS 的发展与成熟，第一次让网络虚拟人生的概念走进了人们的视野，因此很多人也把它称为虚拟社区"①。

不过，随着 Web 2.0 时代的发展，论坛/BBS 已逐渐失去了表达和交流的主导地位，慢慢被地博客、微博等网络表达工具所取代。

2) 博客

博客是英文 Blog 的音译，译为网络日志，是一种通常由个人管理、不定期张贴新文章的网站。

其实，一个 Blog 就是一个网页，是由简短且经常更新的、按照年份和日期倒序排列的一系列帖子所构成的网页的集合。可以说，Blog 是继我们前面所讨论的 E-mail、BBS 之后出现的又一种新型网络交流方式，是一种平民性质的媒体形式。特别是随着人们对博客的喜欢和使用程度的增加，博客的内容从最早的新闻扩展到各个方面，如思想交流、文学艺术甚至科幻题材等，可以说是五花八门、不拘一格。因此，博客也就成为了网民们把日常生活中看到的、想到的及重要的心得等通过互联网来发表的一个平台。

作为新兴媒体性质的博客，其发展历史并不长。"博客"这个名称最早是在 1997 年 12 月提出的，当时的博客网站屈指可数，据查 1999 年在互联网上总共只有 23 个博客，可以说是"养在深闺人未识"。2000 年前后，博

---

① 王贤卿. 道德是否可以虚拟——大学生网络行为的道德研究[M]. 上海：复旦大学出版社，2011.

客迎来了新的发展阶段。2002 年 8 月方兴东创立"博客中国",成为了中国博客的发源地。于是 2002 年被称为中国的博客"元年",方兴东先生也被称为中国的"博客教父"。时至今日,博客中国汇聚了国内众多具有新锐思想的意见领袖,是中国最具影响力的博客平台之一。2006 年全球博客总数达到了 5000 万,可以说呈指数级状态增长;2008 年,博客在我国盛极一时,据悉当时国内的博客有了 1 亿之多。到 2010 年,博客成为了网络媒体的主流,越来越多的网民通过博客来表达对社会热点事件、重大事件的关注,几乎所有主流新闻站点都配有至少一个博客,很多企业与个人都创建了各具特色的博客。

但是随着社交媒体和社交网络的发展,特别是微博的兴起,在过去的 5 年里,博客的魅力开始减退,很多博客开始采用多媒体内容和方式,传统的网页型博客也逐渐转变为视频博客等多种形式,博客也朝着规范化、专业化和平民化的方向发展,博客营销、博客增值服务等也日渐盛行,有些博客还依靠点击广告来赚钱,各种盈利模式的悄然出现和逐渐发展也促进了博客本身的发展,使得博客成长为互联网生态的重要内容。

作为网络表达工具,博客与论坛/BBS 有许多相似之处。比如,用户在博客上可以发布博客日志,在论坛/BBS 上可以发布帖子;博客中有用户评论,论坛/BBS 中有回帖。其实博客和论坛还是有些细微的差别。首先,博客是围绕某一特定主题的原创文章、链接、评价、内容聚合等,博客站点的内容主要是博客的原创汇集,因此其内容更加周详,文章主题更加明显,讨论思路更加清晰,论题的扩展相对合理。论坛/BBS 则主要由不同的网络用户随意发布,其随意性较大,而且主题内容相对松散。其次,博客主要是一批为了共同目标而汇聚在一起的人,一起研究和探讨问题,就像研讨会。个人的博客就是个人研究过程的记录本以及个人日记。而论坛/BBS 则是用户比较随意地聚集在一起,是一个自由交流的场所。最后,博客类似于博客主人的个人主页,是属于博客的一个私有性空间,更多的是博客主人的个人展现。博客平台主要面向个人和较小的、具有共同目标的群组,服务于个体。博客的一个重要功能就是为博客主人提供发表自己言论的自由空间,是个性化展现的空间。论坛/BBS 则是一个开放的、自由的空间,其用户对象一般相对松散，主要服务于公众，为公众提供了自由发表言论的空间①。

作为网络表达工具，博客的价值在于普通网络用户也可以是新闻的发布者，可以写作、编辑、发表，这些不再是专业编辑、记者的特权。因为博客主人作为新闻的当事人、目击者和体验人，可以发布更快、更真实、更接近事实真相的信息。

在美国，德拉吉于 1995 年创办的个人新闻博客"德拉吉报道"成为美国一个重要的新闻来源。最初的"德拉吉报道"主要刊登各种小道消息、内幕消息和大众观点，它们以邮件的方式在网上传播，或者以帖子的方式出现在论坛的娱乐版上，内容多是娱乐圈的小道消息和流言蜚语。后来，邮件的内容慢慢发生了变化，转而关注政治圈的"内部消息"。由于在法新社工作的"内线"的主动帮助，德拉吉在美国率先发布了戴安娜王妃车祸身亡的消息，比美国各大电视网早 7 分钟。很快，他的网站的点击率达到了每天 4 万次。他常常每天更新好几次新闻。对传统媒体的成功挑战，使得他被传统媒体关注，《时代周刊》《新闻周刊》《人物周刊》《今日美国报》《华盛顿邮报》等先后对他做了报道。1998 年 1 月 17 日，德拉吉向他的世界各地的近 5 万名新闻邮件订户发送了一个令人窒息的信息，这个信息同时也放到了网站上："在最后一分钟，星期六(1 月 17 日)晚上 6 点，《新闻周刊》杂志'枪杀'了一个重大新闻。这条新闻注定动摇华盛顿的地基：一个白宫实习生与美国总统有染。"谁也不知道德拉吉的消息来自何方。但这条消息开始在互联网上迅速传播，并逐渐向传统媒体蔓延。这就是后来人所共知的美国前总统克林顿与莱温斯基的"拉链门"事件。

3) 微博

互联网技术进入 Web 2.0 时代后，微博作为一种新兴的网络表达与人际交往形式迅速兴起了。微博相比博客来说形式更为简短自由，一句话、几个字都可以成为一条微博，而且实现了移动手机发布，不像博客主要在电脑上发布和阅读，同时可以有效"圈粉"，增加阅读数和传播量，因此，微博自兴起后就受到了更多用户的喜爱。

---

① 汤代禄，韩建俊，边振兴. 互联网的变革——Web2.0 理念与设计[M]. 北京：电子工业出版社，2007：35.

网络伦理教程

我们先来看一个场景：

2009 年 11 月 1 日的一场大雪，让北京首都机场大量乘客长时间滞留机场。部分航班乘客被困在机舱十几小时，既不能起飞也不能下飞机，情绪激动。这天，碰巧经历现场整个过程的创新工场总裁、前谷歌全球副总裁李开复，在新浪微博平台来了一场颇有影响力的"直播报道"：等了 12 个半小时，已经缺食物 9 小时，缺水 3 小时，有人在机舱里因缺氧而晕倒……在机舱内被困十几小时的情况下，他通过自己的笔记本和手机上网不间断地发布最新进展，真实记录的情况瞬间传播开去，引发众多网友和媒体的关注，而他的记录成为了首都机场延误航班事件中被传播最广的文字。

根据《纽约时报》的考证，最早披露拉登被击毙的消息来自 Twitter，而非《华盛顿邮报》或 ABC 等传统媒体。这一消息由凯斯·厄本(Keith Urbahn)披露，他是美国前国防部长唐纳德·拉姆斯菲尔德(Donald Rumsfeld)的一名前参谋长。他在 Twitter 上说："一位有声望的人刚刚告诉我，他们干掉了奥萨马·本·拉登。太棒了！"Twitter 是世界上最早提供微博客服务的网站，是由最早提出微博客理念的埃文·威廉姆斯(Evan Williams)创办的。随时随地，无处不在的沟通是 Twitter 网站的理念，其宣传口号是：What are you doing? 那么，什么是微博？它有什么特征呢？

2009 年 8 月，中国最大的门户网站新浪网推出"新浪微博"内测版，成为第一家提供微博服务的门户网站，微博正式进入中文上网主流人群视野。根据微博官方透露：截至 2019 年 6 月，微博月活跃用户达到 4.86 亿，拥有将近 3 万的娱乐明星和 40 多万的 KOL、150 家认证企业和机构，与 2100 家内容机构和超过 500 档 IP 节目达成合作，覆盖 60 个垂直兴趣领域。微博上 16～25 岁的人群在活跃用户中占 61%，同时对三四线城市及以下的用户人群也保持持续向下覆盖的趋势。用户每天视频和直播的日均发布量为 150 万+，图片日均发布量 1.2 亿+，长文日均发布量 48 万+，文字日均发布量 1.3 亿。新媒体专家陈永东指出："微博是利用关注机制共享简单、实时讯息的广播式社交网络渠道。"①百度百科对微博的解释是：微博是一种基于用户关系信息分享、传播以及获取的通过关注机制分享简短实时信息的广播式的社交媒体、网络平台，用户可以通过 PC、手机等多种移动终端接入，以文字、图片、视频等多媒体形式，实现信息的即时分享、传播互动。

相对于强调版面布置的博客来说，微博作为的新兴产物，是一种新型的网络应用形式，在融合互联网社交中人际关系网络优势的同时，借助于互联网人际网络的信任链实现了裂变式传播。其内容由简单的只言片语组成，从这个角度来说，其对用户的技术门槛要求很低，而且在语言的编排组织上，也没有博客的要求高。具体来说，微博具有以下四个方面的特征：第一，文本碎片化。微博页面上的文本多是不成系统的，多数是闲言碎语式的唠叨、琐碎的生活细节。而手机短信又促使了这种"无聊"信息的增长，从而使互联网的信息再次泛滥。微博文本的碎片化，使得管理人员难以进行有效的议程设置。第二，半广播半实时交互。微博是一个重要的信息中转站，用户能通过手机发送信息订阅某人的信息而无需登入 Web 网络，只需交纳短信费，而且同普通短信资费无任何区别。微博打破了大众用博客、Email、IM 等的交流机制。博客、Email 不利于及时沟通交流，是一种延时的交流；而 IM 则显得太近，若接到别人的消息需立刻回复。介于 Email 和 IM 之间的微博客更好满足了用户在人际关系中微妙的需求。第三，自媒体、草根性更加突出。与博客相比，作为自媒介(We Media)微博把话语权进一步下放，保证人人有话说，同时也进一步削弱了博客中精英的话语权，凸显了草根性与平民化。任何人都可以在微博客中表达自己、呈现自己，而且整个过程的实现较为简单。最后，更为个体化、私语化的叙事特征。与博客相比，微博客用户发布信息所处的环境具有随意性与不确定性，这种随意性与不确定性包括用户发布信息的时间、空间、心理状态等因素。可以说微博用户发布信息不需要深思熟虑，处于"随时发布"的状态，而博客通常是用户经过思考与积淀之后完成的思想、情感、观念等的表达；前者满足的是用户的即时性表达的需求，而后者则满足了用户阶段化表达

---

① 木忠诚. 试论微博时代的公共危机管理[D]. 上海：复旦大学，2012.

的欲望①。

随着微博影响力的扩大，越来越多的专家学者、社会名人和突发事件当事人开始使用微博，微博话题也从日常琐事转向社会事件，逐渐发展成为介入公共事务的新媒体，成为网络舆论中最具影响力的一种，改变了传统网络舆论格局的力量对比。传统媒体不再是唯一的信息源。微博成为网民收发信息的首选载体之一，其涉及领域已渗透到网民社会生活的各个层面，无论是在重大事件、防灾救灾，还是公民权益、社会救助等各个领域，微博都成为重要的信息发布载体之一，往往也对事件的发展起到重大的影响和推动作用。微博的碎片化和草根性、中国公民现实空间意见表达渠道的匮乏及不畅、中国网民年轻而富激情特征相互交织，使得微博成为了网络表达的主要工具之一。

4) 微信

2010 年美国出现的一个叫作 Kik 的 App，发行一个月的时间获取了 100 万的用户，震惊了全世界。当时的 QQ 邮箱团队正在着手开发一个叫做"手中邮"的 App，负责人张小龙看到 Kik 这个奇迹后，马上发邮件给马化腾 (Pony)，说这个东西我们也应该做。Pony 同意了，把它命名为"微信" (WeChat)，取微型邮件的意思。于是团队就转向微信的开发，于 2011 年 1 月 21 日推出了一个为智能终端提供即时通讯服务的免费应用程序，这就有了微信的 1.0 版，仅有即时通信、分享照片和更换头像等简单功能。后来逐渐增加了各类功能，如语音对讲、查看附近的人等陌生人交友功能等，到 2011 年年底，微信用户已超过 5000 万。2012 年 3 月，微信用户数突破 1 亿大关。截止到 2016 年第二季度，微信已经覆盖中国 94% 以上的智能手机，月活跃用户达到 8.06 亿，用户覆盖 200 多个国家、超过 20 种语言。此外，各品牌的微信公众账号总数已经超过 800 万个，移动应用对接数量超过 85 000 个，广告收入增至 36.79 亿人民币，微信支付用户则达到了 4 亿左右。

相比于传统的聊天工具，微信要更为精确、直接和方便，也受到了更多人特别是年轻人的欢迎和喜爱。通过微信，人们不仅可以有针对性地从

---

① 孙卫华，张庆永. 微博客传播形态解析[J]. 传媒观察，2008(10).

好友、微博以及手机通讯录里选取交友对象并发起即时语音聊天，而且还可以迅速传送视频、图片，并配有相应的表情包等；另外，微信的位置锁定、摇一摇等功能使得人们的聊天交友更为便捷、随意和直观。目前，微信提供公众平台、朋友圈、消息推送、语音群聊等功能，用户可以通过"摇一摇""搜索号码""附近的人"及扫二维码方式添加好友和关注公众平台，微信还可以将内容分享给好友以及将用户看到的精彩内容分享到微信朋友圈，甚至很多人用微信的语音功能取代了电话呼叫，可以说是做到了功能无比强大、使用无比便利。

但是，微信在凭借其多样化的功能便利了用户的同时，也隐藏着巨大的危机和隐患，特别是伦理方面存在着一定的问题和缺陷。一是技术上的伦理风险。比如，微信的定位功能可能为某些具有不良企图人员所利用而成为骗取信任、实施犯罪及其他不良行为的辅助工具，同时也可能造成隐私泄露、支付风险等；二是内容发布上的风险。因为微信是个人使用的通信工具，内容完全凭个人兴趣和喜好所左右，在没有经过授权同意的情况，一些人使用他人名称、头像，发布他人身份证号码、照片等个人隐私资料，发布他人原创文章，等等，都涉嫌侵犯他人肖像权、隐私权、版权等合法权益，更有甚者，一些人利用微信的传播功能捏造事实公然丑化他人，或用侮辱、诽谤等方式损害他人名誉，特别是某些微信公众号的发布者，别有用心地利用微信制造舆论、发布色情内容，以谋取利益。三是微信不当逐利的风险。比如，微商一般会利用朋友圈的精准推送有效完成交易，但也会有许多不良商贩通过微信群进行虚假销售，而网络欺骗性、隐蔽性高等因素造成最终维权的困难，最后只好不了了之；还有诱导分享、诱导关注、恶意营销、集赞行为等，都有逐利的倾向，严重破坏和影响了微信圈的绿色、健康生态环境，无法给人营造一个好友间安全、私密、安心的优质互动和便利体验。

2015 年 3 月 15 日，为规范朋友圈的使用，明确界定各类违规现象，并形成正式、公开的处理准则，微信官方发布了《微信朋友圈使用规范》(网址 http://tech.qq.com/a/20150315/012453.htm)。同时，微信方面也表示，微信团队一直致力于为用户提供绿色、健康的生态环境，努力将朋友圈打造成一个好友间安全、私密、安心的优质互动平台，给予用户更多的体验上的便利，也表示将坚决打击各类违法违规的内容和行为。这无疑为降低微信的伦理风险、保障微信的正常规范运营提供了依据，也为广大微信用户更好地使用和体验微信提供了一定的保障。

还有一类重要的微信应用，就是政务微信。所谓政务微信，是指政府或政府的各级部门依托微信，通过建立官方账号的形式，以发布政策、新闻等信息并提供业务办理的新兴政务服务平台，是实现政务信息化的手段之一。也就是说，政务微信的运营主体是官方或经官方授权的部门，也要通过官方认证，因而具有权威性的特点；作为用户要成为政务微信的粉丝，可以通过搜索添加或扫描添加的方式，随时添加关注或注销不再关注。

政务微信的兴起，一方面，是互联网技术发展的产物，Web 2.0 时代技术条件的成熟，政府"互联网+政务服务"治理模式的推进，都促进了政务微信的产生和发展；另一方面，更是社会发展的要求，通过政务微信这一人民群众广泛认可并且乐于使用的工具，政府部门可以根据实际需要，推介政府办事服务功能，在帮助人民群众完成信息阅读、流程查询、事务办理的同时，强化线上线下联动服务，推进便民建设，实现信息公开，既满足了人民群众表达、互动、问政的需求，也推进了政府自身的建设。

2012 年，我国开通了第一个政务微信官方账号：广州应急——白云。之后，政务微信如雨后春笋般在全国迅速出现。到 2014 年，全国官方政务微信的数量超过了 4 万个，比 2013 年的政务微信数量增长了 10 倍，自此，"微"政务初步形成规模。2014 年成为政务微信发展的分水岭，2012—2014年是政务微信的初步发展阶段，2015 年至今，则是政务微信的全面发展阶段[①]。政务微信在人们的生活中发挥了重要作用，特别是各类生活服务、政务服务的微信更是受到热捧。据统计截至 2018 年 12 月，全国共有 31 个省、自治区、直辖市开通了微信城市服务，累计用户数达到了 5.7 亿。

3. 网络表达伦理

据报告统计，2019 年全球有网民 43.88 亿，其中有 34.84 亿人活跃在各类社交媒体上，全球互联网用户平均每天上网时间为 6 小时 42 分钟，也就是说网民们生活中 1/4 的时间都在上网。第 44 次《中国互联网络发展状

---

① 唐文茜. 我国政务微信的发展困境研究[D]. 长春：长春工业大学，2018：9-10.

况统计报告》显示：截至 2019 年 6 月，我国网民规模达 8.54 亿，互联网普及率达 61.2%，2019 年上半年，我国网民的人均每周上网时长为 27.9 小时。在网络空间，网民们进行网络通信、浏览新闻信息、使用网络搜索引擎，同时观看网络视频，进行网络购物、外卖点单和商品预订等商务交易，也会进行网上理财、网上娱乐和网络政务活动等，更多的是会关注各种热点事件，及时发表自己的意见、主张、观点和情感，也就是进行网络表达。

目前，网民的网络表达主要有如下几个方面的特征：

第一，网络表达参与度高，乐于从事网络表达。

2018 年 11 月 30 日，国家互联网信息办公室网络评论工作局、社会科学文献出版社在北京共同发布了《网络评论蓝皮书：中国网络评论发展报告(2018)》，报告显示网络用户在网络评论的互动参与方面态度较为积极，经常参与网络评论互动的用户比例为 36.9%，58.7% 的用户偶尔参与互动，只有 4.5% 的用户基本不转发、评论或点赞。网民对与自身利益密切相关的话题，参与表达的更多，主动扩散传播事件的意愿更强烈，同时也乐于通过网络来表达自己的观点以推动事件的发展，特别是对卫生、教育、文化领域的转发参与度更高。报告显示卫生领域参与度达 54.3%，教育领域达 52.7%，文化领域达 49.7%。网络评论只是网络表达的一种形式，但也从一个侧面反映出网民的表达意识非常强烈，在网络空间的表达参与度非常高，有强烈的表达意愿和突出的表达行动，相比现实空间来说，大多数网民更乐于通过网络来表达自己的观点和意见等，这进一步说明了网络表达已成为网民网上生活中特别重要的一部分。

网民之所以乐于网络表达，一是由于对网络事件本身的关注或者与自身现实的和潜在利益具有某种程度的相关性，引起了网民的情感共鸣和心灵呼应，从而发表相应的观点和意见；二是网络表达自身的娱乐性，特别是网络表达语言的趣味性，也引起了人们的兴趣，并能从网络表达中得到某种娱乐感的满足；三是由于从众情绪的心理作用，毕竟在现实生活中，人们往往会由于多种原因而不愿或不能大胆地表达自己的观点，到了网络虚拟空间就会去掉许多的束缚和压制，从而轻松自在地表达自己的观点和看法，真正实现了畅所欲言。

第二，网络表达方式多样，善于运用不同方式。

在网络表达中，网络语言是最常用的表达方式，如2019年度网络流行用语"柠檬精""盘它""好嗨哟""是个狼人""雨女无瓜""硬核"等，就鲜明地表达出网民的某种态度，在网络表达中直接用来表达某种情感和态度，显得新鲜而娱乐感十足。还有网络表情包的使用，也是网络表达中最常用的，这些表情包的创制和使用也是网民在日常网络生活中所喜闻乐见的形式，甚至成为了网络空间和网络表达中独有而又不可或缺的一种文化符号和表达方式，在日常网络聊天和网络表达中，所有内容都可以用表情包来展示一下，尬聊也好，调侃斗嘴也好，新媒体写作也好，都需要用到表情包，这些表情包其实也就是网络表达的一种新鲜而有趣的方式，往往以其幽默生动而又丰富有趣的方式吸引着网民在网络表达中使用。

当然，还有网络文字、网络视频、网络图片等网络表达方式，作为网民来说，可以选择和使用自己所愿意和喜欢使用的方式来进行网络表达，发表意见和观点，文本、声音、图像和软件都可以是网民进行网络表达的重要形式，从而使得网络表达方式呈现形式多样的特点。作为网民特别是青年一代网民来说，更善于运用多种表达方式来完成自我网络表达。

第三，网络表达内容不一，难于形成一致意见。

在网络表达中，网民所表达的意见、观点和主张都会烙上其个人的印记，有其个性化的一面，每一个网民限于自己的经历经验、生活阅历、思维方式和思考角度，会有不同的独特的体会和感受，也就会形成不同的网络表达内容。因此，在网络表达中，对同一事件就会形成不同的意见和观点，也就形成了不同的网络表达内容，特别是作为网民中的青年大学生，通过网络表达自己的观点，表达对社会、时政、学校管理的不同观点已经成为一个主流现象，但在表达之后，发表意见和观点的网民很难接受和吸收别人的观点，从而造成网络表达内容的不一致甚至意见的完全相反，更主要的是难于集结众人观点之长来形成一致的观点，所以网络表达因其自身的分散性而难于达成意见的统一性。

还有一部分网民，利用网络表达的特点，有意在网络表达中推出反面或明显相悖的观点，或者尽求标新立异以达到吸引眼球的目的，这种行为是我们要旗帜鲜明地予以反对的。

第四，网络表达有失范现象，需要加强法制教育。

很多参与网络表达的网民，都抱有一种尝试的心态或无所谓的态度，认为在网络上发表的意见和观点，说了就说了、没什么大不了的，这种无所谓的观点的本质是由于其网络表达观念不强，对网络表达的边界和相关法律的认识不清，从而出现网络表达的失范行为。常见的有网民在网络表达中的话语失范，有的网民在网络表达中，因为多方面的原因很难控制自己的网络语言，有时会爆出粗语黑话，甚至带有攻击性的语言，从而出现违背语言规范、违背道德规范和法律规范的话语，产生网络表达失范的行为和现象；更有甚者，个别网民利用网络的便捷性、匿名性以及管理制度、法律法规的滞后，在网络表达中言词不当甚至是肆意妄为，导致网络表达的公共舆论失去了应有的理性和方向，引发各种网络谣言、网络暴力、攻击谩骂充塞网络，甚至从网络空间走向现实生活，由网络表达中的话语失范演变成为现实生活中的话语对抗，使参与表达的每一个人都可能成为受害者。

这种网络表达失范现象的产生，一方面是由于网络表达本身的虚拟性所导致的，另一方面更主要的是网民的网络表达观念不强，网络表达的文明意识和法制意识不够所造成的，因此，需要加强网络伦理教育特别是网络表达伦理的教育引导，形成正确的网络表达观，并让他们清醒地认识到随意且不实的网络表达会引发严重后果，同时加强网络表达方面的法制教育，最终规范和引导网络表达行为。

网络不是法外之地，网络表达也不是法外之事。因此，作为网络表达同样要在法律的框架内进行，作为网民的我们要有网络表达的法律意识，要真正做到用法律来规范自己的网络表达行为。首先，在网络表达中要加强法制教育，要引导网民树立网络表达的法制意识和法制观念。可以说，网络表达的法律意识观念淡薄，是导致网络表达失范的最主要原因。我们知道，网络表达虽然是在一个虚拟的网络空间进行，但同时也是一个立足于现实法治生活空间的行为，需要在法律的框架内展开，需要有法律意识的引导。其次，作为网络表达主体的网民要自觉遵守相应的法律法规。

为了规范网络表达行为，我国于 2017 年 6 月 1 日正式施行了《中华人民共和国网络安全法》，还有相关法律如《中华人民共和国计算机信息系统安全保护条例》《中国互联网络域名注册实施细则》《互联网上网服务营业场所管理办法》《电子认证服务管理办法》《互联网著作权行政保护办法》等，于 2020 年 3 月 1 日起施行的《网络信息内容生态治理规定》第四条明确规定：网络信息内容生产者应当遵守法律法规，遵循公序良俗，不得损害国家利益、公共利益和他人合法权益。第十八条还规定：网络信息内容服务使用者应当文明健康使用网络，按照法律法规的要求和用户协议约定，切实履行相应义务，在以发帖、回复、留言、弹幕等形式参与网络活动时，文明互动，理性表达等等。第四十条规定：违反本规定，给他人造成损害的，依法承担民事责任；构成犯罪的，依法追究刑事责任；尚不构成犯罪的，由有关主管部门依照有关法律、行政法规的规定予以处罚。这说明，网络表达已经有法可依了，作为网络表达的主体在网络表达活动中如果违反相应规定就应受到相应的惩罚和处理。

同时，在网络表达中，我们要遵守以下基本伦理原则。

(1) 表达有度的原则。

网络表达是网民的权利之一，但我们要认识到这种权利是有限度的。任何人都不能侵犯网民的网络表达权利，但作为网络表达的主体来说，要把握好一个度：一是网络表达语言的选用要有度，要尽量使用规范化的语言文字，虽然当前各种网络语言盛行，但对于那些低俗、庸俗、媚俗的网络语言最好不要选用，特别是那些与我们的道德观念、传统美德不相符的语言文字就更不要使用了；二是网络表达的言论要有度，在网络表达中观点分歧、意见有异是正常的现象，但不能信口雌黄、言而无信，更不能有对抗国家、破坏政策、搅乱社会的言论和表达，对待别人的网络表达也要有度，不能无节制地进行攻击和反驳，要客观有度地看待网络表达行为；三是网络表达的情绪宣泄要有度，不可鲁莽、片面地表达个人情感、无节制地宣泄不良感情，要弘扬网络空间的正能量，努力营造清朗的网络空间氛围，要养成科学的世界观和积极向上的价值观，从而避免网络表达中的失范行为。

(2) 尊重他人的原则。

尊重他人就是尊敬和重视他人，就是对他人的认同和平等相待。尊重他人无疑是一种高尚的美德，也是个人优秀内在修养的外在表现，在网络表达中，我们也要遵守尊重他人的伦理原则。

首先要尊重他人的人格，无论是在网络空间还是在现实生活空间中，每个人不论职位高低、财富多寡、相貌美丑、健康与否，其人格都是平等而有尊严的，都应当得到尊重，不容任何人污辱和亵渎。在网络表达中，如果置他人的人格尊严于不顾，对发表言论者进行人身攻击、任意诽谤、造谣中伤，都是不道德的失范行为。其次要尊重他人的隐私，不得擅自公开他人的隐私，更不得将他人的隐私作为攻击对方的把柄。网络表达如同现实表达一样，每一位网络表达主体都应该像尊重自己一样尊重其他网民的人格尊严和个人隐私，不能一语不合便"拳脚相向"，更不能图一时口快，就对其他人无端攻击。再次要尊重他人的知识产权，在网络表达中转发他人的观点或文章时要考虑尊重知识产权的问题，不能简单地进行复制和下载，更不能剽窃或据为己有。

(3) 维护公共利益的原则。

网络表达的网络空间同样是一个公共的空间，在这个公共空间里的每一个网民，都有维护此空间公共利益的道德要求。我们每一位网民都可以自由地在互联网上发布信息，发表观点，进行网络表达，但这种网络表达是要以维护网络空间的公共秩序和公共利益为前提的，任何网民在网络空间的言行，都不得损害他人的正当利益和网络空间的公共利益。

在网络表达中，有的网民因自身道德水平的低下，使用一些含有淫秽、色情、暴力信息的网络语言，污染了网络公共环境，也给其他网民带来消极影响和不愉快的体验，违背了网络空间的公共利益，毫无疑问是违反网络表达伦理的。至于那些有意挑起不满情绪、公然挑衅网络社会的公共秩序，甚至在网络表达中发表危害国家安全、泄露国家秘密的言论、损害国家利益的言行，不仅不符网络表达伦理，而且是违反相关法律的。

维护网络空间的公共利益，是每个网民的道德责任。因此，网络表达应建立在充分保障公共利益的前提上，不能伤害他人的正当利益以及社会共同利益。那些试图通过损害他人利益或共同利益来获得个人利益的行径，应当受到道德的谴责乃至法律的惩处。

3.3.2 网络交际

网络已成为现代社会的重要交流媒介和平台之一，人们以即时通信、网络购物及支付、网络视频交流等主要形式进行网络交际，因此，网络交际也就成为了人们日常生活中一个非常重要的内容。2019 年 2 月 28 日，中国互联网络信息中心发布的第 43 次《中国互联网络发展状况统计报告》显示，截至 2018 年 12 月，中国的网民约 8.29 亿，互联网普及率达到了 59.6%，其中手机网民 8.17 亿，即时通信用户为 7.92 亿，网络购物用户为 6.10 亿，网上外卖用户为 4.06 亿，网络支付用户为 6.00 亿，网络视频用户为 6.12 亿。这说明，网络交际在人们的日常生活中发挥着越来越重要的作用。那么，什么是网络交际？网络交际是如何产生和发展的？网络交际与现实社会中的人际交往有哪些不同的地方呢？作为网民的大学生，在网络交际中应遵守哪些伦理规范要求呢？

1. 网络交际的产生和发展

交际是指社会上人与人的交际往来，同时是人们传递信息、交流思想、最终达到某种目的的一种重要的社会活动行为。网络交际,指人们借助互联网实现的人与人的交际往来活动，也就是网络+社交的意思，是以互联网络为基础的交往，既有通过网络技术直接地互动式的交往，也包括了借助互联网实现的精神文化层面的内在交往。在互联网络时代的人类交往，冲破了工业社会和农业社会交往的时空限制，人们可以借助互联网络信息传播而及时地进行交往，如通过视频就可以即时互动，同时这种交往形式又以"网络—用户"模式联结不同网络终端的人，实现虚拟化、数字化的交流和互动。

我们一般认为网络交际的起点是电子邮件，电子邮件是一种用电子手段提供信息、情感交换的通信方式，邮件内容可以是文字、图像、声音等多种形式。据《互联网周刊》报道，世界上的第一封电子邮件是由计算机科学家 Leonard K. 教授发给他的同事的一条简短消息(时间应该是 1969 年 10 月)，这条消息只有两个字母："LO"。Leonard K. 教授因此被称为电子邮件之父。Leonard K. 教授解释道："当年我试图通过一台位于加利福尼亚大学的计算机和另一台位于旧金山附近斯坦福研究中心的计算机联系。我们所做的事情就是从一台计算机登录到另一台计算机。当时登录的办法就是键入 L-O-G。于是我方键入 L，然后问对方：'收到 L 了吗？'对方回答：'收到了。'然后依次键入 O 和 G。还未收到对方收到 G 的确认回答，系统就瘫痪了。因此第一条网上信息就是'LO'，意思是'你好！'"

关于电子邮件的产生，还有一种说法是：1971 年，美国国防部资助的阿帕网正在如火如荼的进行当中，一个非常尖锐的问题出现了：参加此项目的科学家们在不同的地方做着不同的工作，但是却不能很好地分享各自的研究成果。原因很简单，因为大家使用的是不同的计算机，每个人的工作对别人来说都是没有用的。他们迫切需要一种能够借助于网络在不同的计算机之间传送数据的方法。为阿帕网工作的麻省理工学院博士汤姆林森(Tomlinson)把一个可以在不同的电脑网络之间进行拷贝的软件和一个仅用于单机的通信软件进行了功能合并，命名为 SNDMSG(即 Send Message)。为了测试，他使用这个软件在阿帕网上发送了第一封电子邮件，收件人是另外一台电脑上的自己。尽管这封邮件的内容连 Tomlinson 本人也记不起来了，但那一刻仍然具备了十足的历史意义：电子邮件就这样诞生了。Tomlinson 选择"@"符号作为用户名与地址的间隔，因为这个符号比较生僻，不会出现在任何一个人的名字当中，而且这个符号的读音也有着"在"的含义。

电子邮件发明后，由于当时使用网络的人太少，网络的速度也仅为 56 kb/s 标准速度的二十分之一，因此用户之间只能发送一些简短的信息来进行交流，还不能发送大量的照片；到 20 世纪 80 年代中期，随着个人电脑的兴起，电子邮件开始在电脑迷以及大学生中广泛传播开来；到 20 世纪 90 年代中期，互联网浏览器诞生，全球网民人数激增，电子邮件被广为使用。人们通过电子邮件系统，以非常快速的方式和很低的成本，在几秒钟之内就可以把包含交往信息的内容发送到指定的目的地邮箱，实现与世界上有网络服务的任何地方的网络用户进行联系，从而完成人们的社会交往活动。电子邮件是互联网络提供的最早的也是应用最广的人际交往服务形式，这种交往方式极大地方便了人与人之间的沟通与交流，促进了社会的发展。

Web 2.0 时代，随着论坛、即时通信、博客等网络通讯方式的兴起和发展，人们借助网络所实现的交往形式越来越丰富、交往程度越来越深入。特别是随着信息技术的进步和互联网的发展，各类网络交际平台迅速兴起并飞速发展，社交网站的风靡，更是引爆了一场全球性的人际交往革命，网络交际越来越流行，网络交际的方式也越来越受到人们尤其是年轻人的青睐，给人们的交往和生活所带来的影响也越来越深刻，可以说人们随着社交网络平台的广泛应用，实现了人际交往的重新构建，从"人—机"互动的时代步入到了"人—机—人"的网络交际时代，一方面构建了一种新型的人际交往关系，另一方面也深刻地影响着人们的现实人际交往，甚至由此带来了"线上"与"线下"的人际交往的大融合，实现了真实与虚拟的双向交流。人们在通过网络进行社会交往的同时，也应用网络建立了新的社交圈子，成为了人们在现实生活中的人际社会交往在互联网上的另一种存在形式。

2. 网络交际的特点

网络交际是人们在现实社会交往之外的一种社会交往方式，与现实社交有着一定的联系同时也有超越现实社会交往的地方。网络交际来源于现实社会的交往活动，人们在网络上所进行的各种社会交往活动和交往中的心理反应等，都来源于人们在现实交往活动中的反应，在网络交际中的思维、心理、情绪和体验等都与现实社会交往中的思维、心理、情绪和体验是有关联或基本一致的，其最终的活动主体都是现实生活中的个体；同时，网络交际因其借助网络平台再加上互联网自身的特点而具有不同于现实交往的地方。

与现实交往相比，网络交际具有新的特点：

第一，虚拟隐秘性。在网络交际中，特别是陌生人的网络交际中，人们大都采用一个网名来标志某人的存在，只有对方打出来的文字、发过来的图片等让你去想象，这种文字、图片符号所透露的信息还是十分有限的，"在网上没有人知道你是一条狗"，因而具有虚拟性；同时，在网络交际中，人们可以隐去自己的身份，也可以任意选择自己的年龄、性别、种族、婚姻状况、工作情况等，作为网络交际的主体为了有意掩盖自己的真实身份，往往也会把自己的相关真实信息隐匿起来，这就使得网络交际具有了隐秘的特征。当然，网络交际所具有的这种隐匿性和神秘性，也会使得人们在交往中放下许多的禁忌和束缚，会真实地表达自己的想法和感受而不必考虑其他非自我的因素，也许这正是网络交际充满诱惑力的原因之一。

第二，自由开放性。一方面，人们在网络交际活动中可以摆脱权力、金钱、地位等社会因素的制约，也不必太多的拘束于现实生活中的各种关系的制约，所说所想、所言所行都具有很大的自由性；同时，网络主体不必听从于任何权威的命令，可以自由发表自己的言论和看法，也可以自由地选择自己的行为反应和态度，在这样的网络社会环境中就会给人以前所未有的自由感和轻松感，畅所欲言、无所顾忌成了网络交际中最突出的表现。另一方面，正由于网络交际中没有中心，也不存在直接的领导层级和等级式的管理结构，更不存在交往主体之间的等级和特权，每个参与社交的网民都有可能成为网络交际的中心，因此，在网络交际中，人与人之间的交往就趋于平等，这种平等主体的交往就具有更多的自由度和开放性。

第三，超越时空性。无论何时、何地，用户只需登录网络或点入网络平台就可以足不出户地和素不相识的人聊天、游戏，甚至可以专找附近的陌生人进行交流和互动。在网络交际中，人们的地域、民族、身份等现实的羁绊和障碍被突破，个人的社会活动空间和交往领域变得前所未有的宽广。

第四，符号互动性。在网络交际中，人与人的交往通过网络平台，个体的物理身体不在场，更多的是靠各种符号来表情达意而进行交往，人与人之间能够感知的更多的是一个符号——网名甚至就是一组数字，人们的网络交际行为也必须信赖于网络图标或象征符号，这些抽象的图标和符号需要借助于人们的想象力才能在头脑中转换为生动鲜活的场景[①]。因此，网络交际中的人与人之间的交往实质是通过一系列的符号或网络语言而进行的互动和交流，正是依托这些符号而实现交往，人们对符号的不同理解和感悟往往也影响网络交际的深度，也在一定程度上造成了主体对网络交际活动不能达到对现实社会中活动的控制效果，也就在无形中助长了网络交际失范行为的产生。

---

① 李长虹. 交往方式的变革和网络主体的伦理倾向[J]. 理论学刊, 2005(8).

3. 网络交际存在的主要问题

网络交际也是一把"双刃剑",尤其是对广大在校大学生来说,网络交际在给我们带来新的交际体验和便利的同时,也会带来一系列的问题,其中最为突出的表现有以下几个方面:

(1) 个人隐私泄露。

正如整个网络可能带来个人隐私泄露的问题一样,人们在网络交际中的隐私泄露问题更加具有广泛性和随意性。在网络交际中,除了网络平台本身的隐私泄露可能之外,人们在虚拟交往中,因交往而产生的大量信息就会在社交平台上进行流动,其中夹杂的个人隐私信息也会在各种社交平台上不断流动,毫无疑问,社交主体的姓名(昵称)、通信记录、个人的照片甚至账号密码等隐私信息一方面会让对方知晓,另一方面也可能轻易被社交网络平台中的其他人员或设备所获知,特别是现在的很多社交软件或应用都具备自动记忆、存储和多平台同步上传的功能,这样社交用户的隐私极有可能被收集或发生泄露,而且这种泄露将是多平台大范围的泄露,同时也是在社交主体无可察觉的状况下隐密进行的。

还有,在网络交际的过程中,也存在主动泄露个人隐私的可能性。网络交际中的微博、微信、论坛、短视频等平台,首次登录时都会要求进行注册甚至实名注册,作为社交的用户为了获得平台的交往便利,往往疏于辨别和防范个人隐私信息的保护,各种网络交际平台都具有公共信息平台的性质,在这个公共平台中,个人的隐私信息泄露的风险是相当大的。"而素以私人朋友圈著称的微信,也很难完全认定它就是一个完全的私人场合,因为它不像现实私人领域一样是封闭的,是与公共领域被物理空间截然隔开的,而是随时向他人开放的。它能被人随时搜索和定位,圈内发的内容也能被转发到圈外,个人隐私的可控性并不强,唯一的倚仗在于圈内人的人际信任与情感维系"[①]。在某种情况下,微信朋友圈里所"晒"的私人信息,极有可能会泄露到更广阔的网络空间中去而被他人获知,无形中消解了个人隐私信息保护的空间壁垒,让我们的个人隐私信息被"主动"泄露,更不用说有不法分子利用网络交际平台专门收集个人隐私信息而造成的泄露了。

① 马丽. 论移动互联网络交际中的隐私泄露[J]. 新闻知识,2015(6).

（2）心理信任危机及道德缺失。

如前文所述，人们在网络交际平台中所进行的交往活动，都是基于一种社会交往的信任感基础之上的，还有就是情感的基础。但是，这种信任和情感的基础纯粹依靠人们的道德认知和自觉行为去维系，也难有制度化的其他保障，因此相对比较脆弱。在网络交际中，人们是比较随意的，即使是线下比较熟识的朋友，在网上的交往活动中还是有与现实生活中的交往不一样的地方，更何况那些陌生的网络交际活动中，这种人际互信和情感维系的基础是很容易断裂的，本来交往很密切的网友可能突然冷漠，本来比较火热的网络交际圈子会一下冷淡，甚至还有在网络交际活动中上当受骗而造成各种损失的情况发生，这就会让我们产生一种不被信任或不能信任别人的感觉。如果此种情况多次发生，极有可能会让我们产生信任危机。

由于网络交际的随意性及隐藏性，人们在网络交际中可能过于注重自身的利益，而忽略了社会责任，从而造成了道德缺失的现象。网络交际使得人们不必面对面的交流，也就会造成参与者过于重视自身的价值，忽略了自身在网络交际活动中所应当承担的责任与义务，间接削弱了参与者自身的道德意识，再加上网络交际的虚拟性及匿名性，也间接为欺骗性的人际交往提供了可能，加上社会规范难以对网络交际行为进行控制，从而造成了网络交际中存在一定的信任危机和道德缺失。于是，在网络交际中就会产生冒名顶替、虚假欺骗、恶言恶语等有违信任和道德责任的行为。

（3）人际关系冷漠和现实交往能力下降。

如果频繁地进行网络交际，势必导致人们现实的人际情感交流越来越少，甚至不自觉地疏远和逃避社会现实交往活动。一些在网络上能言善辩的人，在社会现实生活中可能不知所措，沉浸在网络交际的小圈子而不愿意参与现实社会的各种交往活动，甚至用冷漠的方式对待现实世界，间接地造成了现实交往能力的下降，从而产生紧张、孤僻、冷漠等相应的不良心理问题。

（4）网络交际中的行为失范。

比尔·盖茨在其《未来之路》一书中说道："在因特网上没有人知道你是一只狗。"这种隐匿了身份的虚拟性激活了个人的各种行为动机，为人们的行为提供了极大的自由度，任何思想与情绪的表达，我们只需敲几下键盘、点击一下鼠标就能完成，人们似乎摆脱了现实中的一切道德和规范的约束，获得了真正的"自由"。这种对自由与自我的极端认识很容易使人忘记自己的社会角色和社会责任，从而做出一些行为失范的表现。例如，一些人在网络交际中说脏话、假话，宣泄阴暗心理及不正常主张，制造和传播病毒，发布黄色和暴力信息等。

4. 网络交际的伦理原则

（1）尊重原则。

无论是在现实社交活动还是网络交际活动中，尊重都是首要奉行的原则。所谓尊重，就是做到与人平等相待，真心真意地对待每一个与自己进行交往活动的社会成员，对他人有正确的认识，相信他人，并且以自己的诚心诚意去对待别人；网络交际的主体地位是平等的，只有相互平等才能更好地体现尊重原则。同时，在网络交际中要讲规则、讲界限、讲底线，这也是尊重原则的体现。

（2）无害原则。

在网络交际过程中，交往主体应对自己的交往内容、目的和手段等可能对交往对象产生影响的所有要素进行道德上的审慎思考，并及时调整自己的行为，遵循以不伤害交往对象为底线的伦理原则。斯皮内洛提出"人们不应该用计算机和信息技术给他人造成直接的或间接的伤害"，这个原则的伦理行为指向是双向性的，既包括对他人也包括对自己无害，既善待他人又善待自己。

网络社会作为网络交际主体的集合体，交往的实现是建立在无害的前提和基础上的。网络交际中个体的言论和行为不仅不能对他人造成伤害，而且也要避免对自己造成无谓的伤害。作为个体自身来说，也是网络交际的成员之一，对自己的伤害同样是对网络社会成员的伤害。在网络交际中，交往动机、行为结果是否有害，应该成为判别道德与不道德的基本标准，是这一原则的最主要体现。

（3）互利原则。

网络交际主体之间的关系是交互式的，交往双方都希望能从网络交际中得到利益和自身需要的满足，这就要求坚持互利原则。这个互利原则集中体现了网络交际活动中，主体的道德权利和道德义务的统一性。同时，互利原则也体现了道德关系中的公平原则。只要交往双方都做了有益于对方的

事情，只要双方的道德行为是双向的，既接受，又付出，就是公平。公平
是互利的前提，互利是公平的结果。

互利原则要求网络交际主体具有较高的社会责任感，要有网络的全球
意识和生态意识，对自己的交往行为、内容等承担社会责任和道德义务。
实际上，互利原则相当于我们倡导的"我为人人，人人为我"的伦理原则。
我们在网络交际中倡导这一伦理原则，必定会有助于实现网络交际的和谐。

(4) 自我保护原则。

在网络交际中，为了防止个人隐私泄露、道德行为失范等，我们就要
遵守自我保护原则，要正确认识网络的两面性，用其所长，避其所短，发
挥网络交际对生活的积极作用。同时，我们必须提高自己的安全防范意识，
不轻易泄漏个人资料，不随意答应网友的要求，特别是涉及物质利益方面
的要求；同时，要积极参加线下的社会交往活动，保持乐观阳光、积极进
取的生活心态，不要仅仅依赖网友和网络交际来满足自己的情感需求和心
理满足，以免上当受骗。还有，要不断提高自己的辨别觉察能力，提高自
己的抗诱惑能力，提高对个别不法分子利用网络交际实施违法犯罪活动的
察觉和识别能力，这样才能保护自己。

3.3.3　网恋

恋爱，一个让青年兴奋而永恒的话题。《中国大学生 50 年爱情变迁路》
一文通过校园爱情的变化描绘了青年爱情变迁之路：20 世纪五六十年代是
爱情与激情交织的年代，那个年代的校园爱情，爱情是与自己对祖国的建
设抱负紧密结合在一起的。20 世纪八九十年代，是浪漫爱情开始复苏的年
代。没有了对前途的担忧，在 20 世纪 80 年代的大学生群体中，崇尚"爱
情至上"者频频出现。特别是 20 世纪 80 年代中后期，在以琼瑶为代表的
港台文艺作品的影响下，高校学生中为了爱情放弃一切，爱得轰轰烈烈、
死去活来的事例开始涌现。20 世纪 90 年代末，中国大学生的爱情发生了
一场根本性的革命，其中起到关键的推波助澜作用的无疑是网络。有人认
为，网络大潮对当今社会所创造的最为壮观的结果，就是帮助大学生迅速
地成就恋爱和享受恋爱。也正是在这个时候，以网恋为主题的标志性网络
小说《第一次的亲密接触》开始在校园里流传，以网络般的神奇速度影响

着大学生的恋爱方式。QQ 开始代替过去的情书，在第一时间把一句句含情脉脉的语言通过网络传递到对方的电脑屏幕上。

网恋的出现、发展孕育了婚恋网站。复旦大学新闻学院研二女生龚海燕(北京大学中文系文学学士，网名小龙女)是一个很浪漫的女孩，非常希望找到天长地久白头偕老的感情。那时因为心里期待爱神的降临，便注册了两家交友网站，还成为付费会员。由于在这些网站上征友的经历很不顺利，她便于 2003 年 10 月 8 日创办了世纪佳缘婚恋网站。截至 2019 年 7 月，世纪佳缘拥有注册会员近 2 亿，龚海燕被网民誉为"网络红娘第一人"。

网恋的高峰时期应该是在 21 世纪开头几年，随着网恋暴露出的问题及大众对网恋的理性思考，近年来，青年网恋的比例大概保持在 20%左右，付诸实践的大概在 10%左右。

网络给青年带来了一种新的、更为广阔的异性交往和恋爱方式。"网上一个你，网上一个我。网上一个温柔我就犯了错！网上的情缘卿卿我我，爱一场梦一场谁能躲得过……"这首脍炙人口的《网络情缘》记录了当时网络爱情表达的疯狂程度。

那么，我们如何界定网恋？如何看待网恋呢？

网恋概念在网恋者心中已是清晰明了，在理论界却是充满分歧。简单说来，"网恋"(Online-Love)是指男女间基于网络发生、缠绵和沉浸的，一方对另一方爱慕恋念的感情。网络恋爱基于互联网这一特殊媒介，因而它与现实恋爱比起来具有诸多特性，突出地表现为浪漫性、神秘性、开放性、偶遇性、瞬时性、非理性、泛爱性等。这些特征正符合青年的心理状况和期望，因而网恋占据了一部分青年的情感生活。

对于网恋的理解更是众说纷纭。有人说网恋是无聊时的一种消遣，有人说网恋是不成熟的男男女女寻求的一种不真实的爱情；有人则说网恋只是现实中一种另类的爱情方式，存在且富有激情……或许，一个有 5 年网恋经历，因此饱尝幸福和痛苦煎熬的女性网民"狮王辛巴"比我们理解得更为真实、透彻：

网络让陌生的人相识，就算天各一方，也因为网络的神奇而变得没有距离感，而我们的世界也因为有了网络而变得更精彩生动。几乎所有上网的人都会感叹网络的虚幻缥缈，几乎所有的人都曾抗拒网恋的魅惑，但多数的人却又经不起这样的诱惑，被网络的神秘所吸引，而人的情感也会随着对它的依恋而牵动。可见没有坚不可摧的情感，当一些莫明的心绪从心头滋生，当一些扰人的感觉在心底蔓延，就算是自以为很有理智的人，也有迷糊崩溃的时候，会被一种曾经不屑一顾的感觉所滋扰，会因一份被无数人证明是虚幻的恋情而悸动。而这些心动或许就是在不经意中产生的，让人防不胜防，等到发现时已经措手不及，徒然让自己陷入更迷惑的状态中。

……

茫茫网海中，无边无际，如雾里探花，迷迷茫茫，没有路标，没有航线，上网的朋友们好好把握好自己的航线，别迷失了方向，记住回家的路，亲人在等你归来。也许网恋是猝不及防的一种沦陷，只是在心灵空虚或脆弱时的一种感觉。网海茫茫谁又知道自己的心会沉沦何处，网络里四季是春，任何人都能找到自认为追寻已久的缘，可这种缘太容易、太泛滥了。

网恋有可能会给网恋者和社会带来问题和危害，我们称之为"网恋陷阱"。网恋陷阱主要有以下两个方面：一是当事者过度痴迷和沉陷于网络爱情交往，导致心理异常和健康受损，以及个人和家庭不幸等悲剧。这种类型的网恋陷阱，主要起因于当事人精神和心理层面对网络爱情交往的深度依赖，当事者出现心理偏差而自堕情网。这种难以自控的对网恋的深度依赖，不仅会损害其精神的和心理健康，而且会进一步影响到当事者的个人生活、家庭生活以及社会整体生活的一些方面。不少青少年因痴迷于网恋而耽误了学业、影响了身心健康；有些已经结婚成家的人，也因为贪恋于网络爱情交往的体验而引发婚姻破裂和家庭悲剧，干扰了正常的工作和生活。二是涉足网恋而不慎卷入爱情骗局和情感纠葛，给当事者的心理健康、人格尊严、财产安全甚至生命安危都带来巨大威胁和损害。这种类型的网恋陷阱，往往起因于图谋不轨者的动机不良和蓄谋陷害，是害人者有意设置的圈套，诱骗那些单纯幼稚、疏于防范的痴情者中计落网。在这种情况下，受害者轻则人格尊严受到侮辱，感情遭到欺骗和玩弄，重则家庭遭遇不幸，钱财蒙受损失，身体遭到蹂躏甚至连身家性命都难以保全[①]。

尽管如此，网恋仍得以被很大一部分人所接受，是因为相对于其他恋爱形式，网恋具有其自身优势。首先，开放的网络空间提供了一个广阔的

---

① 李一. 网络交往与网恋陷阱[J]. 学术论坛，2003(1).

择偶平台。据称，世纪佳缘婚恋网站通过互联网平台为中国及世界其他国家和地区的单身人士提供严肃婚恋交友服务，截至 2010 年 5 月 15 日，已成就 300 万人的美满姻缘。其次，节省时间和空间成本。两个人只要同时在网上，就可以进行交流，而且一个人同时可以和许多个对象交流；相对于其他恋爱形式对地域的要求相对苛刻，网恋可以天涯变咫尺[①]。有了网络，"不论我在哪里，都只离你一个转身的距离"（蔡智恒）。再次，实现心灵的交互。爱情是心灵的互动，网恋具有"书面语的优势，真正的先恋爱，后结婚"。最后，网恋具有高度的可控性。视频、社交网络的实名制、婚恋网站的身份验证、诚信星级等构筑了一道网恋的技术"防火墙"；网聊"可以挤掉信息中的水分"，凸显恋爱中的理性价值；"见光死"也没关系，从虚拟走向现实的阀门，你绝对拥有关闭的权限。因此，对网络社交技术的了解和把握，对理性工具的充分运用，是个体网恋的安全保障。

网恋，不是"电脑和电脑诉衷肠，键盘与键盘说情话，鼠标和鼠标谈恋爱"，而是心灵的倾诉与渴望。网恋，需要真诚、成熟、理性、现实，需要我们严肃认真地对待对方；不要欺骗，无需掩饰，用心交流一些严肃话题；懂得珍惜，对自己也对对方，充满信心，坚定信念；网恋，还要端正心态，拿得起放得下，一旦结束，尽快抽身而退。

"网恋在不远的将来必将成为我国婚姻中介的主要模式，尤其对于白领和高学历的男女青年来说，既符合现代生活理念，也适应生活实际，的确是一种值得考虑的选择。不要有一种天然的排斥心理，换个角度去思考，你会发现，网恋其实一点都不虚拟，是真正的阳光交友。如果你缺乏真诚，那么请你走开"[②]。

3.4　拓展阅读

朋友圈的"鱼钩"

你的微信有多少好友？你常常给好友的朋友圈点赞吗？微信成为重要

---

① 方奕. 网恋是个好形式［J］. 中国青年研究，2007（5）.
② 方奕. 网恋是个好形式［J］. 中国青年研究，2007（5）.

社交工具的今天，刷朋友圈、在下方点赞留言成为许多人的日常习惯。

温州的刘女士却因一条朋友圈，经历了人生的大起大落。

喜——因朋友圈收获爱情

2018 年 6 月，刘女士被朋友圈里的一条动态消息吸引。说来也巧，发布者正是她在两年前在云南旅游时邂逅的陈某，但两人加了微信后也没怎么联系过。

这次的朋友圈再次让刘女士注意到了他。

她发现，陈某的定位在剑桥大学，便立刻在下方留言，一来二去，两人渐渐聊上了。

陈某称，自己在剑桥大学攻读经济学博士，他在金融管理方面小有成就，此次回校是去参加毕业典礼的。身为上海人的他，不仅有车有房，还家世显赫。

外形俊朗、家境优越、高学历高能力，这么优秀的男人，刘女士哪里"顶得住"啊！陈某给她发了一份在华尔街求职的简历后，刘女士对陈某的身份逐渐信服。

此后，两人在微信中频频互动，陈某还常在朋友圈晒出周游各地的照片，以及自己跟贫困地区儿童的合影，热心参与公益事业的照片。

很快，两人在一起了。

悲——所谓爱情竟是精心骗局

确定恋爱关系的两人开启了甜蜜模式，陈某经常跑到温州和刘女士约会，刘女士也觉得陈某对自己呵护有加。

交往一段时间后，刘女士还到陈某老家见了家长，两人感情愈发稳定。只不过，陈某老家的破旧程度远超刘女士的想象，但陈某给她解释过后，她也没多想。

某天晚上，刘女士忽然收到人在英国的陈某发来的求助消息，说爷爷生病了，自己在国外没钱，让她先转 9000 元应急。

如果说陈某对老家破旧的解释尚能让人相信，但看到这儿，大家是不是会忍不住怀疑，家境如此优越的他，怎么还开口向女友借钱？

但处在热恋期的刘女士并未细想，很爽快地就把钱借出去了，甚至后来陈某以"朋友洗钱，自己受牵连账号被封"为由，再次开口借钱时，刘女士亦并未产生怀疑。

直到 2018 年 12 月 21 日，一起突发状况才让刘女士对男友的身份产生质疑。

当天，陈某因为无证驾驶，被处以行政拘留 10 天的处罚，便把手机交给了刘女士保管。

在手机信息里，刘女士发现陈某跟多名女士同时保持着暧昧关系，还编造各种理由向她们借钱。回想自己和陈某交往以来的经历，她大梦初醒，自己的完美男友可能是个不折不扣的大骗子！

醒——"高富帅"是诈骗犯

愤怒之余，刘女士向温州市公安局鹿城分局广化派出所报警。

在民警安抚下，她装作毫不知情，邀请拘留期满后的陈某来温州约会。

2018 年 12 月 31 日，民警将约会中的陈某抓获。

对于骗钱这回事，陈某怎么都不认，他说，自己和刘女士是男女朋友，借钱纯属正常交往。

通过多方调查，民警逐步掌握了他的犯罪证据。

陈某的真实身份也浮出水面：所谓的剑桥博士实际只有初中文化程度，所谓的金融高管实际只是个无业游民。

而刘女士并非陈某唯一的受害者，还有多名女性被他骗财骗感情。

陈某是如何把自己包装成"完美男友"的？

经历这场骗局的刘女士有何感受？

（来源：https://mp.weixin.qq.com/s/PHR2D1O2PjHVrzZPJ92(8A)）

第4章

Web 3.0 及其伦理

我们必须既团结一致又独立地解决由人工智能和生物技术前沿研究而带来的道德伦理问题，这将可以显著地延长人类寿命，增强记忆力并且对新生儿进行有益地影响。

——克劳斯·施瓦布

4.1　Web 3.0

Web 3.0 在 Web 2.0 的基础上，将杂乱的微内容进行最小单位的继续拆分，同时进行词义标准化、结构化，实现微信息之间的互动和微内容间基于语义的链接。深度参与、生命体验以及体现网民参与的价值构成Web3.0的本质。

4.1.1　Web 3.0 的特征

Web 3.0 是一种技术上的革新，是以统一的通信协议，通过更加简洁的方式为用户提供更为个性化的互联网信息资讯定制的一种技术整合。

Web 3.0 时代的核心理念是"以人为本"，无论是网页设计，还是平台构建，用户的需求和偏好都已成为衡定的参照系。移动互联网对用户生活的全面渗透，一方面为我们提供了多样化的信息产品和服务，满足了人们多元化、多层次的需求。另一方面，其低成本、低门槛、草根性的特点，使得人人皆可自由创造信息而不受任何约束，这样便不可避免地导致信息的爆炸式增长，极大增加了受众获取有效信息的成本，认知、态度和行为判断受到来自更多的庞杂信息的干扰[①]。Web 3.0 使所有网上公民不再受到现有资源积累的限制，具有更加平等地获得财富和声誉的机会。目前，Web 3.0 的特征主要总结如下：

（1）内容高效整合。Web 3.0 技术对用户生成的内容信息进行整合，使得内容信息的特征性更加明显，便于检索。Web 3.0 技术将精确地阐明信息内容特征的标签进行整合，提高信息描述的精确度，从而便于互联网用户的搜索与整理。

（2）信息可以实现和现实生成同步。在信息的同步、聚合、迁移的基础上加入了信息平台集中效验并分类存储，使分布信息能和平台信息进行智能交互，并能对原始信息进行提炼和加工。

（3）坚持以人为本，将用户的偏好作为设计的主要考虑因素。Web 3.0 对用户的行为特征进行分析，寻找可信度高的发布源，并对互联网用户的搜索习惯进行整理、挖掘，得出最佳的设计方案，帮助互联网用户快速、准确地搜索到自己感兴趣的信息内容，避免了大量信息带来的搜索疲劳，极大提高了网络应用的效率。

从用户参与的角度来看，Web 3.0 与 Web 1.0、Web 2.0 有明显的不同：Web 1.0 的特征是以静态、单向阅读为主，用户仅是被动参与；Web 2.0 则是一种以分享为特征的实时网络，用户可以实现互动参与，但这种互动仍然是有限度的；Web 3.0 则以网络化和个性化为特征，可以提供更多人工智能服务，用户可以实现实时参与。

Web 3.0 在 Web 2.0 的基础上发展起来，在人与物充分联结的基础上，利用 5G 和人工智能技术进一步构建"万物联结"的社会超链接。同时 Web 3.0 也试图利用技术、法律、市场、行政等规制手段，构建打破网络巨头垄断数据和利益、网民参与"利益分配"的网络世界。目前，区块链技术是 Web 3.0 应用中能直接支撑数据与价值对接的技术应用。区块链不是 Web 3.0 的开始，更不是 Web 3.0 的终点，而是开启 Web 3.0 大门的金钥匙。

Web 3.0 技术应用主要包括：5G、大数据、比特币(虚拟货币)、区块

---

① 刘岩. 技术升级与传媒变革：从 Web1.0 到 Web3.0 之路[J]. 电视工程,2019(1)：44-47.

链、自动驾驶技术(人工智能)、医疗机器人(人工智能)等。

4.1.2　Web 3.0 与 IT 创新：苹果公司、阿里巴巴、百度

Web 3.0 为网络社会带来了突破性的进展，构建了一个万物感知、万物互联、万物智联的智能世界。美国苹果公司核心产品线构建的生态圈，阿里巴巴借电商、支付和云服务资源优势与人工智能技术深度融合并将技术优势逐步面向多领域布局，百度搜索引擎核心技术上的突破以及在人工智能领域大展拳脚，均昭示着互联网企业拥抱 Web3.0 的热情。

1. 苹果公司

苹果公司(Apple Inc.)是美国一家高科技公司，总部位于加利福尼亚州的库比蒂诺。1976 年 4 月 1 日，21 岁的嬉皮士青年史蒂夫•乔布斯、惠普工程师史蒂夫•沃兹尼亚克、曾经做老虎机生意的罗恩•韦恩三人共同创立了一家公司并命名为美国苹果电脑公司。2007 年 1 月 9 日公司更名为苹果公司，以反映其将业务重点转向消费电子领域。

苹果公司(见图 4-1)是一个以硬件起家的公司，前期业务就是靠销售iPhone、iPad、iMac 等硬件获取利润，目前苹果公司正在向软件和内容服务类公司转型：Apple Music、news 和流媒体付费订阅就是一个开端。

图 4-1　苹果公司标志及创始人：史蒂夫•乔布斯

2003 年 4 月 28 日，苹果公司开放了 iTunes 音乐商店，音乐商店迅速发展，在 2008 年 4 月成为美国最受欢迎的音乐销售商店，2010 年 2 月成为全世界最受欢迎的音乐商店。

2004年,苹果公司召集1000多名内部员工,组成团队开始研发iPhone。iPhone是苹果公司第三款革命性地改变了整个产品类别定义的产品——Mac重新定义了计算机,iPod重新定义了音乐播放器,iPhone则重新定义了智能手机。2007年6月29日,第一代iPhone正式发售。

2015年4月24日,苹果公司正式推出Apple Watch智能手表,宣布苹果进入一个全新的领域。Apple Watch支持苹果的移动支付平台Apple Pay,Apple Watch还可以跟踪佩戴者的健康及运动情况,在与iPhone连接后,Apple Watch还可以拨打和接听电话、发送和阅读短信等。

在2019年苹果全球开发者大会上,苹果结合现有核心产品线,带来了全新的苹果手机、平板电脑、智能手表等一系列以iOS为中心的生态闭环。正如任正非接受媒体采访时所说的一样,苹果看似是一家硬件公司,但更是一家软件公司。苹果深刻理解并感知到,就算再领先的硬件依然可以被模仿甚至被抄袭,但围绕硬件构建的这一套生态系统"护城河"则无法被复制,这也是很多用户无法离开苹果生态圈的一个重要原因,同样这也是让苹果能够长年立足于世界顶级科技巨头的核心原因。

2. 阿里巴巴

阿里巴巴,是以马云为首的18人于1999年在浙江杭州创立的公司。很多人一提起马云和阿里巴巴,就会直接想到淘宝。经过了二十多年的飞速发展,阿里巴巴集团现已经营多项业务,包括淘宝网、天猫、聚划算、全球速卖通、阿里巴巴国际交易市场、1688、阿里妈妈、阿里云、蚂蚁金服、菜鸟网络、饿了吗等。2014年9月19日,阿里巴巴集团在纽约证券交易所正式挂牌上市。2015年9月24日,斯坦福商学院校友会将该年度的ENCORE奖授予阿里巴巴集团。这是ENCORE奖第一次颁给中国公司,阿里巴巴集团是ENCORE奖历史上第38个获奖的公司,也是全球第一个获奖的非美国本土公司。2018年7月19日,全球同步《财富》世界500强排行榜发布,阿里巴巴集团排名第300位。2018年12月,阿里巴巴入围2018世界品牌500强。

阿里巴巴(见图4-2)的"双11"已经成为了中国网民共同参与的网络狂欢盛宴,成就了体现中国经济活动联结程度的中国电商奇迹。这一网络促销日源于淘宝商城2009年11月11日举办的网络促销活动。从此"双

11"成为中国电子商务行业的年度盛事。2019 年天猫"双 11"用时 1 分 36 秒，成交额突破 100 亿元，最终实现 2684 亿元交易额。这场名义上的促销活动已经成为阿里巴巴全力驾驶的一辆不可减速的列车，在加速的过程中，阿里巴巴还要将轨道的铺设工作(如阿里巴巴流程建设、管理变革、业务创新、技术突破)纳入范畴，确保万无一失的极限承载能力。阿里巴巴首席人力官童文红说"双 11 对物流是一场数据的战争"。回顾历年双 11 交易额来看，这场战争，阿里巴巴赢得很漂亮。

图 4-2　阿里巴巴 Logo

近几年，阿里巴巴凭借电商、支付和云服务资源优势与人工智能技术深度融合，将技术优势逐步面向多领域发展。它目前主要以阿里云为基础，从家居、零售、出行(汽车)、金融、智能城市和智能工业 6 大方面展开了产业布局。

以智能城市为例，阿里云 ET 城市大脑是目前全球最大规模的人工智能公共系统，可以对整个城市进行全局实时分析，自动调配公共资源，修正城市运行中的故障问题，成为未来城市的基础设施，实现城市治理模式、服务模式和产业发展的三重突破。2017 年 10 月，杭州城市数据大脑 1.0 正式发布，接管杭州 128 个信号灯路口，试点区域通行时间减少 15.3%，全长 22 千米的中河—上塘高架出行时间节省 4.6 分钟。在主城区，城市大脑实现视频实时报警，准确率达 95%以上；在萧山，120 救护车到现场时间缩短一半。

3. 百度

1999 年底，身在美国硅谷的李彦宏看到了中国互联网及中文搜索引擎服务的巨大发展潜力，抱着技术改变世界的梦想，他毅然辞掉硅谷的高薪工作，携搜索引擎专利技术，于 2000 年 1 月 1 日在中关村创建了百度公司。发展至今，百度不仅在搜索引擎核心技术上取得突破，还在人工智能领域大展拳脚，百度无疑成为了中国人工智能的"队长"。百度的 Logo（见图 4-3）由百度的拼音"baidu"加"熊掌"图标组成。"百度"这一公司名称便来自宋词辛弃疾《青玉案》中的一句"众里寻他千百度"，这句词描述了词人对理想的执着追求。而"熊掌"图标的想法来源于"猎人巡迹熊爪"的刺激，与李彦宏的"分析搜索技术"非常相似，从而构成百度的搜索概念。

图 4-3　百度的 Logo

在"日经人工智能专利 50 强"榜单上，百度作为人工智能国家队代表，专利数量为 1522 项，排名中国第一，全球第四。2018 年底中国专利保护协会发布的《人工智能技术专利深度分析报告》显示，百度除了专利数量遥遥领先，其在自动驾驶、语言识别、自然语言处理、智能搜索和智能推荐四大 AI 关键技术领域，分别以 155、570、693、576 的申请量在国内位列第一。到今天，让我们挂在嘴上的，不再只有"度娘"，还有"小度"智能机器人。

在 2019 年 7 月召开的第三届百度 AI 开发者大会上，百度创始人、董事长兼 CEO 李彦宏全面秀出 AI 在各个领域的成绩单：在自动驾驶方面，百度与一汽红旗打造的 L4 级乘用车前装产线宣布投产下线，无人驾驶出租车项目 Apollo Go 也首次亮相；在交通出行领域，自主泊车系统和智能红绿灯系统投产使用；在金融领域，与浦发银行共同打造了一个超级员工——金融数字人；在社会服务领域，百度 AI 寻人、AI 助盲等都初现成效。虽然，李彦宏遭遇了"宏颜获水"事件，但百度在人工智能技术以及应用上取得的成就和突破依然是业内人士关注的焦点。

4.1.3　Web 3.0 的伦理意蕴

我的数据我做主。2018 年 12 月 1 日，万向区块链实验室、矩阵元科技、算力智库等单位共同发起成立了"振金社"，旨在在 Web 3.0 时代打造国内首个隐私保护与数据安全的平台。区块链的分布式结构，相对于中心化来说，更稳定、抗风险能力更强、消耗更低、更公平、更透明、更简单，使得我们有机会自己掌管自己的数据。今天在人工智能、大数据、云计算、物联网、区块链等技术的帮助下，解决了一些用中心化思路不可能突破的技术难点，为更为自由、开放和可靠的网络世界奠定了技术基础。

构建可信网络。Web 3.0 下的人工智能等技术的广泛应用，已经初步窥探到一个"万物互联"的世界图景，网络世界与现实世界不断融合，对网络数据的真实性、客观性提出了更多的要求。区块链的加密和不可篡改的特性，创造出高效透明的去中心信任机制，帮助我们告别纷繁复杂、真伪难辨的的数据世界，构建可信身份、可信账本、可信计算和可信存储。有人为 Web 3.0 列了一个公式即：Web 3.0=Web 2.0 +可信网络，足见可信网络构建是 Web 3.0 的基本特征。

人工智能应用的广泛争议。随着人工智能技术的不断发展，它引发的伦理争议也不断出现。以深度学习为代表的人工智能算法近年来取得突破性进展，应用越来越广泛。但"人工智能的主体性与侵权责任""人工智能与知识产权""人工智能产业发展与个人信息保护""人工智能与法律伦理"等问题也随之而来。迄今为止，我们对人工智能可能会带来的挑战仍知之甚少，严肃的公共讨论还十分缺乏。缺少技术层面知识的普通群众对人工智能产生的偏狭、误解和焦虑，进一步加剧了人工智能的伦理困境。

4.2　案例分析讨论：自动驾驶技术的新"电车难题"[①]

 案例 ••••••••••••••••••••••••••••••••••

1. 回顾经典"电车难题"

"电车难题"又称"有轨电车难题"（见图 4-4），作为伦理学中的一

---

① 李伦. 人工智能与大数据伦理，2018 年版，p154-167：自动驾驶汽车中的新"电车难题"（张卫）.

个经典思想实验，最早由英国哲学家菲利帕·富特(Philippa Foot)于1967年提出，后来不断发展演变出众多的版本，归纳起来，"电车难题"有如下四个比较有代表性的版本：

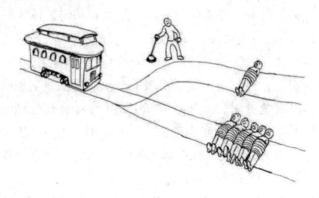

图 4-4　有轨电车难题

版本 1：一辆失控的有轨电车飞驰而来，司机唯一能做的只是转动方向盘改变电车前进方向。电车前面有两个轨道，一个是正常使用的轨道，上面有 5 个人，一个是已经废弃的轨道，上面有 1 个人，如果你是电车的司机，你将会如何选择？

版本 2：一辆失控的有轨电车飞驰而来，电车前面的轨道上有 5 个人，而此时在电车与这 5 个人中间有一座人行天桥横跨在轨道上面，你和一个胖子刚好经过此人行天桥，如果把这个胖子推下去能够阻止电车的行驶，你会把这个胖子推下去来挽救轨道上 5 个人的性命吗？

版本 3：一辆失控的电车飞驰而来，前面有两个轨道，一个是正常使用的轨道，上面有 5 个人，另一个是已经废弃的轨道，上面有 1 个人，而此时在轨道分叉的地方有一个扳道工，他可以决定电车的方向，如果你是这个扳道工，你会如何选择？

版本 4：一个健康人去医院体检，此时医院里有 5 个患者在等待器官移植，如果把这个健康人杀死，把他的器官取出来分配给这 5 个患者，就能救活他们，如果你是为这名健康人体检的医生，你会这样做吗？

在版本 1 和版本的 3 情景中，更多的人愿意选择牺牲 1 个人的性命去挽救 5 个人的性命，而在版本 2 和版本 4 的情景中，很少有人愿意这样做。同样是以 1 个人的性命换取 5 个人的性命，为何在不同的情景中会做出不同的选择，这是"电车难题"困扰人们的原因所在，也是"功利论"和"义务论"这两大伦理学流派争论的焦点所在。

2. 自动驾驶技术的"新电车难题"

"自动驾驶汽车"(Autonomous or Self-driven Car) 又称"无人驾驶汽车"(Driverless or Pilotless Car)，目前相关技术得到了飞速发展并已经投入应用，受到人们的大力追捧。但还有很多人在自动驾驶汽车的伦理道德方面依然争论不休，尤其是在如同"电车难题"的道德两难情形下，自动驾驶汽车应该如何处理？

相较于传统"电车难题"，自动驾驶技术下的"新电车难题"(见图4-5) 主要体现在：

第一，道德决策者的转换：由人转化成了自动驾驶技术的智能系统。传统"电车难题"中的决策者是人，他可以结合自己的道德认知和自我情感做出选择，比如版本 1 时，我选择功利主义的观点去求全更多人的幸福；而出现版本 2 时，我按照义务论的原则选择保护少数人。在这里，人有思考和选择的空间。而在自动驾驶情景中，一旦写入代码将程序设定，就意味着伦理原则被设定，在现实中不论遇到何种情况，它都必然按照既定的伦理原则进行判断和决策。伦理责任从汽车的使用者身上转移到了程序的设计者身上，因此，系统程序的设计者必须在设计程序时就将恰当的伦理原则嵌入其中，那么，哪种伦理原则应该被嵌入，如何嵌入等问题，将直接关系到自动驾驶汽车的可接受度，成为自动驾驶技术"道德算法"中的两难问题。

图 4-5　新电车难题

第二，直接利益相关者的变化：决策者从非直接利益相关者变成直接利益相关者。传统"电车难题"中的决策者无论做出什么选择，都不会影响其自身的利益。而自动驾驶情景则不同，购买和使用自动驾驶汽车的车主在做出选择时，最终结果将决定他是受益者还是受害者，直接关系到自身的利益。出于人类自我保存的本能需求，在通常情况下，车主肯定希望自己购买的自动驾驶汽车优先保护车主的权益和安全，而不是最终葬送自己生命的杀手。如果市场上的汽车有多种不同的算法系统可供他选择，他必将选择那种有利于自己的算法系统。

可见，自动驾驶汽车在面临不可避免伤害的情况时的两难抉择变为：自动驾驶程序应该是以尽量减少伤亡为原则，还是不论以何种代价都要保护车内乘客为原则。由此可见，它与传统的"电车难题"既有一定的相似之处，也存在着一定的差异，我们将其称之为"新电车难题"。

【分析】

关于自动驾驶技术的"新电车难题"的两个主要表现，已经形成了一些解决思路：

1. 关于道德算法问题

解决自动驾驶技术的"新电车难题"的焦点聚集在智能系统的程序设计上，而自动驾驶程序的一举一动都是程序工程师事先设计好的算法的体现。因此，自动驾驶技术能不能呈现出人性关怀，关键在于自动驾驶技术算法的"道德性"，在于如何在智能机器中嵌入道德原则和规范，让它能够自己做出道德的判断和道德决策。目前，主要有两种方式：

一种是"自上而下"进路，将道德原则转化为逻辑演算，直接运用代码形式确定下来，使人工智能系统根据确定的伦理原则对具体的行为做出伦理判断，从而实现一般性的伦理原则应用到具体情景中。但这种理想状态在现实操作中很难实现。首先，现实情况复杂多变，是否存在一个在任何情况都适用的一般性的伦理原则？由谁来决定这个一般性的伦理原则？这都涉及一系列的伦理思考。其次，是否存在合理路径，让我们把我们所认同的道德原则输入到智能系统中？这就涉及技术可行的问题。

另一种是"自下而上"进路，强调"道德行为来自学习与进化"，通过一系列的手段，让机器人学会道德原则，并形成人工智能的伦理能力。计算机科学的奠基人图灵在 1950 年发表的文章《计算机器与智能》(Computing Machinery and Intelligence)中就曾指出："不要试图制造一个模仿成人心的程序，为何不去制一个模仿儿童心灵的程序呢？如果它被给予恰当的教育训练，它将会获得成人大脑所具备的能力。"可见，这种路径更强调"训练"和"学习"，并没有一个预先设定的伦理原则，伦理判断能力不是根据预先设定的原则，而是人工智能程序自己在不断的学习中逐渐获得的一种能力。这种算法更加符合人类自身道德能力的养成过程，更具有可操作性。

2. 关于利益平衡问题

"新电车难题"中存在着三类利益相关者：自动驾驶汽车的购买者、自动驾驶汽车的生产商和代表公众利益的政府监管部门，三者代表着完全不同的利益诉求和角色地位。

购买者希望生产商能够提供保护车内乘客的自动驾驶系统，政府监管部门则希望生产商能够提供以公众最大利益为优先考虑目标的自动驾驶系统，而生产商的选择则取决于上述两种力量的博弈，生产商既不能得罪顾客，也不能违背政府制定的监管法规。如果完全按照市场的游戏规则来处理此问题，那么"保护车主"的自动驾驶汽车会成为最终的胜出者，但这肯定会引发社会不满情绪，呼吁政府的监管。

关于利益平衡，在现实操作层面上，已经有人做出了选择。

2016 年 10 月，梅赛德斯-奔驰的高管克里斯托弗·雨果对"新电车难题"做出了回答："如果你有能力救一个人，那就至少先把他救了。如果救车上的人你有百分之百的把握，那就先把这件事做好。"也意味着在紧急情况下，雨果认为他们公司选择先救驾驶员和乘客，即使有可能要牺牲路人的生命。面对很有可能会发生的自动驾驶汽车事故责任归属问题，一些汽车制造商则做出了表态，奥迪相关负责人说，从自动驾驶版本奥迪 A8 开始，奥迪将会承担 3 级自动驾驶汽车发生交通事故后的所有法律责任。沃尔沃也发表声明，当他们在 2020 年开始销售自动驾驶汽车后，公司也将承担交通事故的全部法律责任。

【讨论】

结合以上分析，请讨论：

（1）如果一辆自动驾驶汽车被"黑客"所劫持，造成了严重的交通事故，应该找谁追责？

（2）在未来 10 年，你会推荐家人选择自动驾驶汽车吗？为什么？

4.3　相关伦理分析

4.3.1　信息爆炸

现代科学技术发展的速度越来越快，新的科技知识和信息量迅猛增加。"滴滴一下，马上出发"，早上打开手机叫个车到公司，在 7-11 买早饭时用支付宝扫码支付，工作一上午，打开"饿了么"点个午餐，等待外卖的时间用淘宝购个物……这些网络行为都会转化成网络数据被收集和保存起来。我们的日常生活越来越离不开互联网，互联网让我们足不出户就能轻易地接触到世界上几乎所有的东西，承担的数据量也是无法想象的大。

图 4-6 告诉我们，2017 年度平均每 1 分钟在互联网上发生了什么：

图 4-6　2017 年平均每 1 分钟在互联网上的活动情况

1 分钟时间，互联网上会发送 16 000 000 封电子邮件，会产生 751 522 美元的在线消费，应用市场会有 342 000 个应用被下载……1 分钟时间，facebook 上有 90 万人次登录，谷歌上有 350 万条查询，YouTube 上有 410 万视频被浏览……

云计算、大数据等互联网新技术的发展，让手机、平板、电脑等遍布地球各个角落的传感器成为数据来源和承载方式，网络数据的增长速度超乎我们想象，有人将之称为"信息爆炸"的时代[①]。

信息爆炸一词最早出现于 20 世纪 80 年代。信息爆炸，是对近几年来信息量快速发展的一种描述，形容其发展的速度如爆炸一般席卷整个地球。我们每天都产生着巨大的网络数据，也通过网络便捷地获取着想要得到的信息。有人说：今天的我们，生活在最好的时代，也生活在最差的时代。本书借用这句话来谈信息爆炸对我们的影响。

1. 信息爆炸给我们带来的积极影响

(1) 减少信息获取成本，便利个人生活。

在今天，我们可以轻而易举地通过网络获取想要的信息。当我们遇到专业学习难题时，可以去网络上求助高手，获得专业指导；当我们想快速提高自己的英语水平时，可以在网络上订购一对一外教指导的网络课程；当我们迷路时，可以通过导航获取道路信息；当我们购物时，可以通过淘宝、拼多多、京东等浏览商品信息；当我们想看电影时，可以通过淘票票等获取电影院的场次与影片名等信息，甚至为了让电影票价物有所值，我们还会去百度里面搜索电影的影评信息……足不出户而"知天下"不再成为不可能。首先，信息爆炸时代，获取信息的成本极度降低，给我们的学习和生活提供了极大的便利。其次，我们不再是传统网络的信息接收者，还是信息的提供者。每个人都能在互联网世界中找到属于自己的天地，比如抖音等新媒体的产生，让普通的网民都找到了一个发展的平台，让自己的才艺被更多的人所看到，甚至依靠新媒体找到了适合自己发展的事业。

(2) 简化企业管理环节，节约企业资源。

企业掌握的数据越多，越能有助于企业进行长期的规划和建设，促进

---

① 大数据到底有多大？信息安全到底有多不安全？[DB/OL][2019-07-30]. http://www. sohu. com/a/231896054_616231

企业改革创新，实现产业升级，丰富经营方式，拓宽发展渠道。比如，在营销层面，以前的营销是靠电视、报刊，但现在互联网和物流的发展，信息变得越来越透明，竞争从区域竞争向全国、全球蔓延。通过海量数据进行分析，企业能够精准掌握自己产品的客户需求，有针对性地推广产品，实现"以客户为中心"的精准营销。在生产环节，一些单调的、重复性的信息处理全部交由互联网技术承担，减少了企业的人力资源负担，企业可以将精力更多地投入到关键领域。

（3）促进社会层级沟通，推进社会发展。

信息是重要的社会资源，我们通过建立专门的社会信息网络和信息数据库，使社会决策建立在准确和科学的信息基础上，从而推动社会治理水平的提高。首先，信息爆炸的今天，每个人都能快速地掌握社会热点事件信息，借助网络，社会成员从来没有像现在这样拥有对问题解决的参与热情和治理能力，政府因势利导，充分动员，合理使用，能主动有效地解决社会热点矛盾，促进社会的良性发展。其次，信息在社会各层级中自由流动，打破了固化的社会分层，构建了一个更为公平的扁平化社会结构。

2. 信息爆炸给我们带来的消极影响

面对极度膨胀的信息量，面对"混沌信息空间"和"数据过剩"的巨大压力，我们迫不及待地想要获取解决办法，但最终却发现效果不佳。目前很多人都已经意识到了信息爆炸给我们带的消极影响，接下来主要谈谈信息超载和信息茧房两个方面。

（1）信息超载。

信息超载主要指信息接收者或处理者所接收的信息远远超出其信息处理能力。在大数据、互联网+、云计算等网络技术不断发展的背景下，世界的信息和知识都处于大爆炸状态，信息超载问题极为普遍。具体表现在以下三个方面：

第一，海量信息转移用户注意力。互联网信息资源丰富，但用户在这海量信息中想要找到自己真正需要的信息并不容易。搜索前，各式各样的搜索引擎、APP 应用已经让用户眼花缭乱；在搜索过程中，超链接、广告弹窗、二维码等很容易转移用户注意力，甚至让用户忘记最初的信息获取目的；搜索结束，用户只会感到大量信息蜂拥而来，而自己真正需要的信息却是微乎其微，用户解决问题的需求并没有被满足。相信生活中这样的体验一定不少，这些海量信息以不同形式分散了用户的注意力，反而成为我们获取有效信息的障碍。

第二，低质量信息降低用户效率。互联网信息巨大，充斥着大量的虚假信息、低俗信息，这些信息占据用户时间，降低用户工作效率。随着自媒体的发展，大量抄袭信息涌现，同样的信息，换一个标题作为原创传播，或者是把旧闻当新闻传播，给用户造成了不必要的时间浪费。同时，互联网上各种"专家""官方"言论不断，真假难辨，用户在识别信息的过程中降低了工作效率[①]。

第三，信息爆炸增加用户焦虑。戴维·温伯格在《知识的边界》一书中提到："令我们深夜难眠的，并非是担忧如此众多的信息会令我们精神崩溃，而是担心我们无法得到自己需要的足够多的信息。"当周围人在热议着你完全没听过的事件时，相信你的第一反应就是拿出手机打开百度搜索一番。而一旦手机没在手上，总感觉自己错过了很多有价值的信息，你会陷入恐慌、焦虑，直到重新找到手机确认。这种焦虑、恐慌就来自于海量信息与时间和精力有限的矛盾，这种心理压力最终也会体现在身体机能上，引发健康问题。

(2) 信息茧房。

2006 年美国芝加哥大学教授凯斯·R·桑斯坦在其著作《信息乌托邦》中提出了"信息茧房"这一概念："在网络信息传播中，因公众自身的信息需求并非全方位的，公众只注意自己选择的东西和使自己愉悦的讯息领域，久而久之，会将自身束缚于像蚕茧一般的'茧房'中。"

第一，信息茧房产生的原因。"信息茧房"的产生，既有技术的因素，也受用户心理驱动，同时也是市场竞争的结果。对其原因进行分析，有助于我们更清楚地看到"信息茧房"对我们获取信息产生的影响。

首先，我们必须找找技术层面的原因。现在各大新闻 APP 软件推崇的一个词，叫"算法"。算法的原理大同小异，是指通过技术手段，一边提取内容的特征，一边提取用户的兴趣特征，然后让内容与用户的兴趣匹配。

---

① 陈玮瑜. 互联网时代信息超载问题研究[J]. 传播力研究，2019，3(8)：243.

在这个个性化推荐的算法下，如果你今天心情不好点开了一个笑话的链接，可能它明天给你推送的大部分信息都跟搞笑、恶搞相关；你哪天不小心点击了一篇关于某部电影的评析，第二天它就给你推送了不少关于类似电影的评论。技术的"聪明"很快俘获了大部分网友，以今日头条为代表的新闻 APP 异军突起。

其次，从心理学角度讲，谁不喜欢跟与自己观点一致的人聊天沟通呢？这就是信息的"同温层效应"。信息同温层意味着人们往往只会接受自己感兴趣或者与自己观点一致的信息，对于兴趣以外或者不同观点，就会视而不见、充耳不闻，信息的流动方向与同温层大气相似。在信息爆炸时代，人们希望自己能及时了解外界事物的变动，促使其主动地使用各种媒介去获取信息，但这种搜索并非漫无目的，人们在海量信息中主要选择最感兴趣的，与自己的既有立场、态度一致或接近的内容。

最后，是市场的利益角逐。今天，人类已经处于一个分众化传播时代，受众市场呈现出逐步分化离散的"碎片化"状态。为了吸引用户，实现传播效果的最大化，各个新闻资讯类平台用尽浑身解数打造品牌特色，于是个性化信息服务应运而生。以个性化推荐为特色的新闻客户端势如破竹，几乎占据了新闻客户端的半壁江山。今日头条在 2018 年 3 月以 30.25% 的用户活跃量排在新闻客户端第一，紧随其后的是全国首个提供个性化阅读服务的搜狐新闻。人们接受个性化信息服务的机会越来越多，这也造成了"信息茧房"效应的影响范围不断扩大，问题加剧恶化。

第二，信息茧房的危害。个性化推荐技术能够给每一个用户提供有差别、有针对性的内容，形成"千人千面更懂你"的效果，但它也是一把双刃剑，在给我们类似人性关怀的同时，也造成了诸多不良影响，主要体现在以下两个方面：

对于个人而言，这种隐形的个性化服务方式让用户在不知不觉中只能接受特定的内容，并且自己很难意识到这个问题。用户的视野由此受到极大限制。如果用户不主动搜寻信息，那么他接触其他方面信息的难度会越来越大。人们接触到的信息只是关于世界的一小部分，但他们却极有可能将这一小部分当成世界的全部，久而久之，最后逐渐形成思维定式，甚至对真实的客观世界产生认知偏差。同时，人们在享受大数据技术带来的便利的同时，也将自己陷入了算法的怪圈中——学习的空间越来越小，可选择的方向越来越少。这种影响是长期的、潜移默化的过程，在"信息茧房"中的人们很难判断自己是否偏离了正确的方向，因此我们一旦选择错误的学习路径，最终可能形成错误的价值观，不利于个人与社会的进步与发展。

对社会而言，信息茧房的存在容易导致"群体极化"和信息质量下降。首先，个性化推荐技术下用户更容易根据兴趣爱好找到志趣相投的人，久而久之，会逐渐形成固定的社交圈子，加剧"圈层固化"现象。圈层固化能够产生"一呼百应"的效果，容易造成"群体感染"和"群体极化"。当人们处于一个固定的圈子时，更容易受到某种偏激情绪或行为的影响，这种集体性的情绪或行动更倾向于冒险。群体极化有可能会破坏社会秩序，引发社会动荡[1]。其次，由兴趣引发的"信息茧房"会对信息分发环节产生反作用。众多传播主体(新闻 APP、个人公众号、企业)为了获取更多受众，可能会刻意迎合市场，制造和宣传一些"吸睛"的内容，纯粹为了获取点击量而不顾道德底线。回想我们浏览网页时，往往会被一个感兴趣的标题吸引而点击，浏览后才发现完全文不对题，是典型的"标题党"。

可见，信息茧房让我们成为了故步自封的 "蚕蛹"，貌似信息无处不在，又仿佛"与世隔绝"，甚至不断弱化着我们独自思考的能力，成为人云亦云的"应声虫"。长此以往，我们会将算法推荐的信息"茧房"当成整个世界，然后只关心自己的"一亩三分地"，只相信为自己量身定做的"信息"。

4.3.2　大数据伦理分析

大数据(Big Data)指无法在一定时间范围内用常规软件工具进行捕捉、管理和处理的数据集合，是需要新处理模式才能具有更强的决策力、洞察发现力和流程优化能力的海量、高增长率和多样化的信息资产。大数据具有 5V 的特点(IBM 提出)，即：大量(Volume)、高速(Velocity)、多样(Variety)、低价值密度(Value)、真实性(Veracity)。

大量(Volume)。大数据的特征首先体现为数据规模非常庞大，以至于人们将不能再用吉字节(G)或太字节(T)来衡量。因此，大数据的起始计量

---

[1] 吕晖，唐雨. 大数据时代下"信息茧房"现状及策略探讨[J]. 新闻研究导刊，2019，10(05)：1-2+19.

单位至少是拍字节(P)(1000T)、艾字节(E)(100万T)或泽字节(Z)(10亿T)。国际数据公司(IDC)研究表明,整个人类文明所获得的全部数据中,有90%是过去两年内产生的。社交网络(微博、Twitter、Facebook)、移动网络、各种智能工具、服务工具等,都成为数据的来源,如淘宝网近4亿的会员每天产生的商品交易数据约20TB。随着信息技术的高速发展,数据开始爆发性增长。

高速(Velocity)。大数据的产生非常迅速,生活中每个人都离不开互联网,每天都在产生大量的数据资料,而这些数据是需要及时处理的。比如,社交媒体是如今增长最快的的大数据源,微博、Twitter这类社交媒体产生的不仅是"大数据",还是"快数据",具有很强的时效性。基于这种情况,大数据对处理速度有非常严格的要求,服务器中大量的资源都用于处理和计算数据,要做到实时分析。比如,搜索引擎要求几分钟前的新闻能够被用户查询到,个性化推荐算法尽可能要求实时完成推荐。这是大数据区别于传统数据挖掘的显著特征。数据无时无刻不在产生,谁的速度更快,谁就有优势。

多样(Variety)。广泛的数据来源决定了大数据形式的多样性,包括结构化、半结构化和非结构化数据。随着互联网和物联网的发展,大数据又扩展到网页、社交媒体、感知数据,涵盖音频、图片、视频、模拟信号等,真正诠释了数据的多样性,这也对数据的处理能力提出了更高的要求。比如,目前应用十分广泛的淘宝、网易云音乐、今日头条等平台都会对用户的日志数据进行分析,从而进一步推荐用户喜欢的东西。日志数据是结构化明显的数据,还有一些数据结构化不明显,如图片、音频、视频、位置信息、即时语音等,这些数据因果关系弱,需要人工对其进行标注。

低价值密度(Value)。随着互联网以及物联网的广泛应用,信息感知无处不在,数据规模巨大,有价值的信息分散其中,挖掘更多有价值的信息成为了大数据的使命。因为大数据中数据价值密度相对较低,可以说是浪里淘沙却又弥足珍贵。大数据最大的价值在于从大量不相关的各种类型的数据中,挖掘出对未来趋势与模式预测分析有价值的数据,并通过机器学习方法、人工智能方法或数据挖掘方法深度分析,发现新规律和新知识,并运用于农业、金融、医疗等各个领域,从而最终达到改善社会治理、提高生产效率、推进科学研究的效果。

真实性(Veracity)。大数据中的内容是与真实世界中发生的事件息息相关的，要保证数据的准确性和可信赖度。研究大数据就是从庞大的网络数据中提取出能够解释和预测现实事件的过程。

根据以上的特征分析，我们可以看到，大数据技术的战略意义不在于掌握庞大的数据信息，而在于对这些含有意义的数据进行专业化处理，提高对数据的"加工能力"，通过"加工"实现数据的"增值"，因此，大数据与云计算的关系密不可分。本部分主要讨论大数据的相关伦理问题。

1. 大数据的积极影响

大数据技术已经被广泛使用在现实生活中，我们也已经深刻感受到了大数据给我们带来的改变。英国牛津大学教授维克托·迈尔·舍恩伯格在其《大数据时代》一书中提到：在大数据时代之前，人们的决策和构建的制度大多建立在匮乏的数据基础上，而大数据时代体现在"更全面""更混杂"和"相关性"三个方面。正是大数据技术的这三个使用倾向，造就了大数据的极大魅力，给我们的生活带来了"变革性"的变化。

（1）全面快速分析数据。

在过去的"小数据"时代，准确分析大量数据对我们而言是一种挑战。例如，美国在1880年进行的人口普查，耗时8年才完成数据汇总，最终得到的已经是过时的数据，而税收分摊和国会代表人数确定却又必须建立在正确而及时的人口普查数据基础上。何况，人口不断在变化，变化的速度超出了人口普查局统计分析的能力。在能力有限的情况下，何不"以小见大"，只分析其中一部分具有代表性的数据呢？于是，人们寻求到了一种聪明的办法——抽样，即有目的地选择最具代表性的样本。这种采样分析的精确性随着采样随机性的增加而大幅度提高，随机采样成为了现代测量领域的主心骨。但这只是一条捷径，是在不可收集和分析全部数据的情况下的选择，它本身存在许多固有的缺陷。

到了大数据时代，我们有能力收集、分析和使用全面而完整的数据，实现"样本=全体"，从而帮助我们从不同的角度、更深层次地细致观察和研究数据的方方面面。在任何细微的层面，我们都可以用大数据去论证新的假设，发现之前所忽视的一些数据信息。比如，每年元旦前后，微信朋友圈里都会有一股秀"支付宝年度账单"的热潮。如果阿里巴巴不全面掌握每个用户的消费记录信息，又怎能给每一个用户发送独属于他的年度账单呢？更别提它还替你进行了分门别类的分析，让我们清楚地了解自己一年的支付宝消费和消费特征。可见，通过掌握全体数据并进行实时分析，能更客观全面地分析我们想要从数据中挖掘的信息和细节。

（2）忽视精确却提高效率。

对"小数据"而言，最基本、最重要的要求就是减少错误，保证质量。因为收集的信息量比较少，所以必须确保记录下来的数据尽量精确。在大数据时代下，我们能够获取并使用几乎所有的数据。数据的增加会造成分析结果的偏差，甚至一些错误的数据也会混杂进数据库中。在不断涌现的新情况里，"允许不精确"成为了"小数据"到"大数据"的重要转变之一，这种转变不仅没有让我们对形势产生错误的判断，反而增加了办事效率。很多人不能理解，存在失误还能提升效率？你可别不信，想想我们现在使用的输入法，明明输入了错误的中文拼音，你想要的词语依然出现在了列表选项中，对于中文拼音不太好却用着拼音输入法的人来说，也算是一个福音吧。

（3）关注相关关系，预测未来。

在过去分析使用数据时，我们更加关注因果联系。而到了大数据时代，相关关系大放异彩。通过应用相关关系，我们可以比以前更容易、更快捷、更清楚地分析事物。比如，亚马逊的个性推荐系统打败了它的专业书评团队，带来了近 1/3 的销售额。不仅如此，抛却对"为什么"的执着，让我们更专注于从"是什么"进行分析，有助于发现一些被我们忽视的趋势，形成对未来的预测。比如，2008 年上线的谷歌流感趋势软件，利用搜索记录和美国疾控中心在 2003—2008 年季节性流感传播时期的数据进行了比较，发现了 45 条检索词条组合的数学模型，从而实现了流感的及时准确判断。我们不能说谷歌流感预测系统比专业医疗团队更专业，但它的确利用大数据挖掘到了流感爆发与搜索数据之间的相关性，从而实现了更为及时的预警。2014 年，百度大数据部利用大数据为考生预测出当年高考作文的六大命题方向，包括"时间的馈赠""生命的多彩""民族的变迁""教育的思辨""心灵的坚守"和"发展的困惑"，其中又对每个作文主题划定多个关键词。预测结果命中了全国 18 卷中的 12 卷作文方向，被网友称为"神预测"。

2. 大数据带来的伦理问题

大数据技术在给我们带来便利时，也带来了一些新的问题。

(1) 加剧了隐私泄露问题。

大数据技术具有随时随地保真性记录、永久性保存、还原性画像等强大功能。个人的身份信息、行为信息、位置信息甚至信仰、观念、情感与社交关系等隐私信息，都可能被记录、保存、呈现。如果任由网络平台运营商收集、存储、兜售用户数据，个人隐私将无从谈起。2019 年 3 月，一位在重庆读法学的博士生称自己在使用抖音、多闪这两款产品时，在未授权应用读取通讯录的情况下，系统推荐了许多"可能认识的人"，大部分都是他的微信好友、好友的好友，甚至还包括前女友。于是，该博士生将抖音、多闪的运营方告上了北京互联网法院，要求这两款 APP 立即停止侵犯他的隐私权，赔偿经济损失 6 万元，目前北京互联网法院已立案。生活中，诸如此类侵犯网络用户隐私权的案例数不胜数，只不过并不是每一个人都能意识到这个问题，并用法律的武器来维护自己的合法权益。

面对强势的大数据技术，传统的信息匿名处理完全失去了保护隐私的功能。2006 年 8 月，美国在线(AOL)公布了大量的旧搜索查询数据，包含了 3 月 1 日到 5 月 31 日的 65.7 万用户的 2000 万条搜索查询记录。整个数据库进行过精心的匿名化——用户名称和地址等个人信息都使用特殊的数字符号进行了代替。这样，研究人员可以把同一个人的多条查询记录联系在一起分析，而并不包含任何个人信息。尽管如此，《纽约时报》还是在几天之内通过把"60 岁的单身男性""有益健康的茶叶""利尔本的园丁"等搜索记录综合分析，发现数据库中的 4417749 号代表的是佐治亚州利尔本的一个 62 岁的寡妇塞尔玛·阿诺德。当记者找到她家的时候，这个老人惊叹道："天呐！我真没想到一直有人在监视我的私人生活。"这件事情很快引起了公愤，最终美国在线的首席技术官和另外两名员工都被开除了。可见，大数据对于网络用户的隐私保护提出了更严峻的挑战。

(2) 大数据杀熟问题。

"熟客"一般是我们在线下购物时"砍价"的一个理由，越是熟客，

133

越有人情味，价格更优惠，这是我们线下消费时认为理所当然的事情。后来，我们习惯网上购物，认为明码标价、公平公开，而且价格还优惠。但随着大数据技术的广泛使用，我们惊讶地发现，大数据竟然能"杀熟"。大数据"杀熟"，是指经营者运用大数据收集消费者的信息，分析其消费偏好、消费习惯、收入水平等信息，将同一商品或服务以不同的价格卖给不同的消费者从而获取更多利润的行为。"杀熟"的形式多样，主要有三种表现：一是根据用户使用的设备不同而差别定价，如针对苹果用户与安卓用户制定的价格不同；二是根据用户消费时所处的场所不同而差别定价，如对距离商场远的用户制定的价格更高；三是根据用户消费频率的不同而差别定价，一般来说，消费频率越高的用户对价格承受能力也越强。

电商平台采用"千人千面"的展现方式，打开 APP，每个人看到的商品都不尽相同，价格自然不好比对。平台方均表示这是利用大数据，对用户进行个性化定制，以期更好地服务客户。但"千人千面"的背后，难免会出现给新用户显示低价，给老用户甚至付费用户显示高价的"价格歧视"行为，间接实现大数据"杀熟"。除此以外，线上预订酒店、出行打车、网游、买电影票、叫外卖等应用领域的大数据"杀熟"现象也极为普遍。

目前，我国消费者权益保护法还未明确将大数据"杀熟"行为纳入规制范围。但消费者权益保护法有明确规定：消费者享有了解购买使用商品或接受服务的真实情况的权利(第八条)，经营者具有真实全面告知义务(第二十条)，消费者有权根据公平的交易条件，获得公平的交易结果(第十条)[①]。在大数据"杀熟"中，消费者难以知悉商品或服务的真实价格，看到的只能是经营者通过对其个人信息的分析后专门为其划定的、令其支付金额最多的价格，这严重侵犯了消费者的知情权；经营者并非依据商品本身的性质功能，而是通过分析消费者心理与行为的结果对商品定价，使处于相同交易条件下的消费者面对的价格不同，这种行为极大地违背了公平交易权的内在精神与实质内涵。

(3) 预测与惩罚。

前面我们提到了大数据利用相关关系对未来进行预测的"特异功能"，如果我们有足够的能力洞见未来，就有足够的时间去规避最坏的结果。就

---

① 王佳琪. 大数据"杀熟"的法律应对[N]. 人民法院报，2019-06-11.

像谷歌预测流感，给我们提供更及时的预警，及早做好准备，避免流感更大范围地传播。大数据也在预测着人的行为，如果大数据预测只是帮助我们预防不良行为，似乎是可以接受的，但将其用来预测犯罪并进行惩罚，就将让人难以接受并十分危险了。让我们来回顾《少数派报告》电影前 5 分钟的场景：

约翰·安德顿(John Anderton)是华盛顿特区警局预防犯罪组的负责人。这是特别的一天，早上，安德顿冲进了住在郊区的霍华德·马克斯(Howard Marks)的家中并逮捕了他，后者打算用剪刀刺杀他的妻子，因为他发现他妻子给他戴了"绿帽子"。安德顿又防止了一起暴力犯罪案件的发生。安德顿大声说："我以哥伦比亚特区预防犯罪科的名义逮捕你，你即将在今天谋杀你的妻子萨拉·马克斯(Sarah Marks)……"其他的警察开始控制霍华德，霍华德大喊冤枉："我什么都没有做啊!"

电影里描述的是一个未来可以准确预知的世界，而罪犯在实施犯罪前就已受到了惩罚。人们不是因为所做而受到惩罚，而是因为将做，即使他们事实上还没有实施犯罪行为，罪责的判定是基于对个人未来行为的预测。电影中描述得很美好，如"提前制止了罪犯""减少了受害者"等。但在现实操作上，精准的预测是不现实的。大数据从真实社会中抽取，必然带有社会固有的不平等、排斥性和歧视的痕迹。一旦大数据出现失误并将错误预测直接应用在惩罚上，就将变得十分残酷了。

美国法院用系统 Compas 评估犯罪风险，根据系统开发公司 Northpointe 介绍，在被这款软件认定为高犯罪风险的人里面，大约有70%的人被再次逮捕。而 30%被标注为高犯罪风险却没有再犯罪的人却要承担因 Compas 的预测所带来的麻烦，如警察较频繁的巡逻、监视和问询。在美国，每周超过 1000 人被机场使用的行为预测系统错误地标记为恐怖分子。一名美国航空公司的飞行员在一年中被拘留了 80 次，因为他的名字与某恐怖组织领导人的名字相似。

让人们为还未实施的未来行为买单是带来不利影响的主要原因，因为把个人罪责判定建立在大数据预测的基础上是不合理的。大数据可以通过相关关系进行预测，但是大数据不能告诉我们因果关系，而进行个人罪责推定必须以与犯罪损害具有因果联系的犯罪行为为依据，因此，它完全不应该用来帮助我们进行个人罪责推定。

4.3.3　人工智能伦理分析

人工智能(Artificial Intelligence, AI),是计算机科学的一个分支,它企图了解智能的实质,并生产出一种新的能以与人类智能相似的方式做出反应的智能机器,该领域的研究包括机器人、语言识别、图像识别、自然语言处理和专家系统等。2017 年 12 月,人工智能毫无悬念地被评为"2017年度中国媒体十大流行语"。《中国人工智能发展报告 2018》显示,截至 2018年 6 月,全球人工智能企业共有 4925 家,中国仅大陆地区人工智能企业总数便有 1011 家。仅在 2017 年,中国在人工智能领域投融资总额就达到 277.1亿美元,融资 369 笔。中国 AI 企业融资总额占全球融资总额的 70%,融资笔数占 31%。目前,中国在人工智能融资总量和人工智能专利数量上都排在世界第一。这些无不印证着人工智能如火如荼的发展态势。

说起人工智能,很多人会自然地想起机器人,如第 18 届 Robo Cup 机器人世界杯比赛中获得冠军的中国"可佳"和日本专为宅男设计的机器人女友。其实机器人只是人工智能的一种表现形式。比如,2018 年澳大利亚科幻电影《升级》就展现了多种形式的人工智能,如纳米机器人、自动驾驶汽车、智能芯片、医疗智能手臂、智能家居系统、智能巡逻机,小到人类肉眼不可见,大到包含家里所有电器。各种各样的形状后面,让我们更加清楚地认识到人工智能的核心是智能系统,更关键的是系统的智能程度。按照智能程度,可将人工智能分为以下三类:

第一,弱人工智能。该智能指擅长于单个方面的人工智能,如 1997 年打败国际象棋大师卡斯帕罗夫的"深蓝"(Deep Blue)、2011 年在玩常识游戏"危险边缘"中战胜了人类冠军选手的"沃森"(Watson),还有 2016年在围棋比赛中战胜了人类冠军李世石的"阿尔法狗"(Alpha Go)。这些人工智能在诸多特定领域都已经取得了十足的进展,超越了人类专家,成了专家系统。

第二,强人工智能。强人工智能是指在各方面都能和人类比肩的人工智能,是人类级别的人工智能,如进行思考、计划、解决问题、抽象思维、理解复杂理念、快速学习和从经验中学习等操作,强人工智能在进行这些操作时应该和人类一样得心应手。

第三，超人工智能。超人工智能指在各个方面都比人类强的人工智能。它们几乎在所有领域都比人类聪明很多，包括科学创新、通识和社交技能。

就目前发展水平来说，人工智能处于从弱人工智能向强人工智能的发展道路上。借用计算机科学家 Donald Knuth 的说法："人工智能已经在几乎所有需要思考的领域超过了人类，但在那些人类和其他动物不需要思考也能完成的事情上，还差得很远。"但就从目前已经应用的人工智能上，我们可以看到人工智能的巨大优势。

1. 人工智能的优势及价值

今天的人工智能，已经开始让我们惊艳。就其本身来说，在硬件方面：① 运算速度更快。脑神经元的运算速度最多是 200 Hz，今天的微处理器能达到 2 GHz，是神经元运行速度的 1000 万倍；大脑的内部信息传播速度是 120 m/s，电脑的信息传播速度是光速(约 300 000 km/s)，是大脑的 250 万倍。② 容量和储存空间随意扩充。人脑的容量和储存空间固定，而电脑的容量大小可以随意扩充，可以拥有更大的内存以及长期有效的存储介质，不但容量大而且比人脑更准确。现在打开 QQ 空间，系统都能提醒你 5 年前的今天你发过什么说说。③ 可靠性和持久性更佳。电脑的存储更加准确，而且晶体管比神经元更加精确，也更不容易萎缩。人脑还很容易疲劳，但是电脑可以 24 小时不停地以峰值速度运作。软件方面：① 系统具有可编辑性、升级性以及更多的可能性。电脑软件可以进行更多的升级和修正，并且很容易做测试，从而实现快速升级和优化。② 人工智能智慧能快速在集体内共享，轻易就能在全球范围内自我同步，快速高效执行任务，而不会有异见、自利这些人类的负面情绪。

正是因为人工智能本身的这些优势，所以在应用上就凸显其功能和价值：① 解放人类体力劳动。"Robot"(机器人)一词出自捷克语"robota"，意为"强迫劳动"，可见人工智能的出现一开始就是从事有害、危险、艰苦的工作，如海底勘测矿物、太空取样等。到了今天，人工智能可以代替我们洗碗、拖地、处理数据、规划路线等，从而使人类从繁杂的体力劳动中解放出来，更加自由地去做自己想做的事情。试想我们每天开车上班时，将司机的劳动交给自动驾驶汽车，我们可以抽出时间解放双手看看今天的日程表和马上要进行汇报的材料，甚至是给爱睡懒觉的人多争取点睡眠时间，也是够让人开心的！② 提高生产效率。2018 年华为掌门人任正非在接受采访时说道："去华为手机的生产线看一看，生产一部手机只需要 20 秒，人工智能的高效让人震惊。"人工智能设备可以每天稳定工作 24 小时，不用担心饥饿或者疲劳，坚守着系统给它制定的统一标准，高质高效地完成既定任务。不会因为长时间工作而心情暴躁，不会因为超时工作而去控诉企业"虐待"，不用担心长期在封闭空间劳作而抑郁，更不用考虑因分工不均而制造的办公室纠纷……它只会勤勤恳恳地劳作，创造出更多的社会财富。③ 节能减排。在大大提高效率的同时，人工智能还能更充分地利用能源，提高能源利用率，降低污染。例如，智能家居系统可以根据你以往的习惯，判断你什么时候到家，这样在你进入房子之前它就可以把室内气温调节到相宜的温度；智能洗衣机能根据你的洗衣量精准投放洗衣液；自动驾驶汽车能更充分利用能源，减少有害气体排放……如果这种智能设备能够被成千上万的家庭使用，能源利用率就会被极大地提高。

2. 人工智能的伦理困境

在人工智能的不断发展和应用中，出现了一些伦理问题。这些伦理问题有些是人工智能技术本身带来的一些特殊的伦理问题，还有一些是应用人工智能时遇到的、在其他 IT 技术中也存在的一般性问题。在下面的论述中，我们主要从这两个方面分类论述。

（1）人工智能技术本身的伦理困境。

就人工智能产生和发展的轨迹而言，我们应该首先从技术角度审视人工智能的伦理问题。在本章的"新电车难题"案例中，我们看到了算法是人工智能程序发挥功能的关键。算法是指解题方案的准确而完整的描述，是一系列解决问题的清晰指令。一旦确定，算法就成为人工智能行事的准则和律令。人工智能发展至今，我们开始赋予了它"深度学习"的能力，这就意味着我们不能给人工智能输入唯一的、绝对的指令，而是只要给定初始程序结构或规则，人工智能就可以自主地把各种采集的数据按照这种程序或结构转化为可以计算的数据化语言；也意味着人工智能拥有自我学习的能力，能够紧跟最新的数据、格式和知识，并且产生可以作用于有关数据有效预测的模型。正是人工智能的"深度学习"能力，引发了我们的许多担忧。

第一，算法的透明性。人工智能的学习能力对于我们而言是神秘和不确定的，也就意味着用人工智能的算法作用于人类事物总是存在某种不确定的风险。深度学习的算法之所以有效，是因为它们比任何人类都能更好地捕捉到宇宙的复杂性、流动性。与传统机器学习不同，深度学习并不遵循数据输入、特征提取、特征选择、逻辑推理、预测的过程，而是由计算机直接从事物原始特征出发，自动学习和生成高级的认知结果。在人工智能输入的数据和其输出的答案之间，存在着我们无法洞悉的"隐层"，它被称为"算法黑箱"（black box）。这里的"算法黑箱"不只意味着不能观察，还意味着即使计算机试图向我们解释，我们也无法理解。对于大多数人来说，人工智能的运行过程（算法及其运用）都是难以理解的。比如，谷歌的阿尔法狗对围棋一无所知，"只是"从 13 万场有记录棋局中分析出 6000 万步棋，但它依然击败了全世界排名最高的人类棋手。如果你研究阿尔法狗的原理，想弄明白它为什么会下这一步棋而不是那一步棋，你可能只会看到数据之间一组复杂得难以形容的加权关系。阿尔法狗可能无法用人类能够理解的方式告诉你，为什么它会下这样一步棋。然而，阿尔法狗的一步棋让一些评论者哑口无言，围棋大师樊麾说："这不是人类的一步棋。我从来没见过人类这么走。"当我们不理解人工智能设备为什么这么做的时候，我们也会难以相信它的一些成果。人工智能医疗程序 Deep Patient 在分析了 70 万名患者的医疗记录后，会根据病人的情况进行诊断和给出治疗建议方案。当病人问医生："为什么它说我有 70%的可能患有精神分裂？"医生也无法告诉病人 Deep Patient 程序做出判断的原因。那么，病人应该选择相信这个人工智能程序的判断吗？

未来随着人工智能变得越来越先进，它会越来越神秘，越来越超出我们的理解。2016 年 4 月，欧盟理事会、欧洲议会批准、通过了《欧盟一般数据保护条例》（The EU General Data Protection Regulation, GDPR）。在 GDPR 中有关"算法公平性"的条款，要求所有公司必须对其算法的自动决策进行解释，首次对人工智能"算法黑箱"以及带来的不公平对待进行尝试解决。

第二，算法的控制性。人工智能目前已经开始取代人类的部分工作，有的人开始担忧，人工智能会取代人类吗？被誉为"计算机之父""博弈论之父"的约翰·冯·伊诺曼，是第二次世界大战期间图灵密码破译小组的首席统计师兼数学家，他有段著名的话："一台超级智能机器可以定义为一台在所有智能活动上都远超人类的机器。由于机器设计属于这些智能活动的一种，那么一台超级智能机器当然能够设计更出色的机器，那么毫无疑问会出现一场'智能爆炸'，把人的智力远远抛在后面。因此，第一台超级智能机器也就成为人类做出的最后的发明了——前提是这台机器足够听话且愿意告诉我们怎样控制它。"在诸多科幻电影中，经常演绎着机器人和人类反目的画面，这加剧了普通民众对于未来人工智能的担忧。例如，电影《终结者》中杀手机器人可以自己决定接下来的行动，而不受人类的控制。2018 年 3 月去世的著名物理学家斯蒂芬·霍金教授警告研发人工智能的研究人员说，人工智能的不断发展可能意味着人类的灭绝。近几年发生的智能机器人攻击人类的事件以及西方部分国家人工智能武器的研发，更是引发了人们对于人工智能未来的恐惧。

这些担忧与恐惧的症结就在于算法的控制性。我们如何确保所生产的人工智能是为我们服务的，而不是伤害我们的？它会不会按照人类的意志去行事，而不是站在人类的对立面？当我们指示机器人厨师做一顿美食时，如何确保机器人厨师不会在缺少食材的情况下杀死刚刚买入的宠物？安全可控是发展人工智能的基本准则，这份安全来源于从头开始的系统仔细设计，以此确保不同的元件能够按照我们的想法协同工作，并在部署后可以正常地监控各个部分的工作状态。《深度学习安全研究》(Deepmind Safety Research)收录的文章《未来一大不容忽视的问题：人工智能安全性》从规范性、鲁棒性、保险性三个方面进行了 AI 安全可控的全面分析。规范性：AI 系统中规范清晰的设计是保证 AI 系统忠实地执行设计者愿望的保证，而含糊或者错误的定义则会造成灾难性的后果。鲁棒性：AI 系统在安全阈值内能够在一定的扰动下持续稳定地运行，不受条件和环境变化影响。AI 系统在真实世界中运行存在固有危险，它经常会受到不可预测的、变化的环境影响。在面对未知的情况或对抗攻击时，AI 系统必须能够保持鲁棒性才能避免系统受损或者被不怀好意地操控。保险性：通过监控和强制执行，人类可以理解并控制 AI 在运行时的操作，并有效保证 AI 的安全。监控意味着使用各种各样的手段来监测系统，以便分析和预测系统的行为，包括人工监控和自动化监控；而强制执行则意味着一些设计机制用于控制和限制系统的行为，如包括可解释性和可中断性[①]。这些论述可能过于专业以至于我们难以看懂，但显而易见的是：目前 AI 行业对于 AI 安全可控的空前重视与努力。

（2）人工智能技术应用的伦理困境。

人工智能技术作为时代前沿技术，在使用过程中也会遇到其他 IT 新科技遇到的应用伦理困境，或者加剧之前存在的部分互联网伦理问题。

第一，机器人的"人权"。我们听说过为植物争取"权利"的，也听说过为宠物争取"权利"的，到了今天，也有人在为机器人争取"权利"。当人工智能技术越来越普及的时候，我们应该深刻思考该如何对待它们。我们到底是把这些与人能力等同甚至超过了人能力的机器看成人，还是不把它们当人看？机器人的行为能力已经被大众所熟知，科学家们正在努力让机器人拥有情感。然后，比科学家发明机器情感更加困难的是：我们如何与那些拥有了情感的机器人相处？让我们来假设一下，一个人因为一场车祸失去了一条手臂，人工智能给他提供并接入了一条从外形上与原有手臂一模一样的手臂，请问他依然是人吗？他有人权吗？如果这个人继续悲催地失去了两条腿呢，他还是人，还有人权吗？后面，他依靠人工智能换了一个大脑呢？他还是人，还有人权吗？再进一步，仿生人是人吗？是否应该享有人权？从理性上，我们都知道机器人没有血肉。但如果机器人形成了自主意识，如果机器人能感受痛苦，我们依然能够心安理得地选择随意关闭它吗？

第二，责任划分问题。如果说机器人的"人权"问题还过于遥远，那么人工智能的责任主体问题的探讨就迫在眉睫了。按照常理，人类是责任主体，通过人的自主性来划分责任，人对技术的责任可以通过设计者、制造者和使用者的责任来进行明确的区分。然而，人工智能的不透明运行导致了责任区分的困难。假设设计者最初设计出来的人工智能是被良好定义、可以理解、可以预测、可以自主学习的复杂系统，那么，如果机器自主学

[①] 未来一大不容忽视的问题：人工智能安全性[EB/OL]．(2018-10-23)[2019-07-30]．http：//www.woshipm.com/it/1544932.html.2018-10-23．

习导致功能发生变化，而使用者在遵循标准操作，却无法获得该人工智能应有的功能或者出现一些意外事故时，责任在哪一方的争论就难以避免。比如，前面提到自动驾驶技术，在自动驾驶过程中出现交通事故，应该找谁追责呢？是车的使用者吗？还是车的生产商？或是自动驾驶系统的编程人员？传统的法律将机器人仅仅作为人类互动的工具或方式。很显然，所有者、使用者要对机器（人）的行为负责，但目前的法律体系还没有为此做好准备。如果我们始终将机器人界定为工具，也会出现责任分摊难题。比如，机器人交易员因为计算错误等，执行了错误的指令而造成客户资产损失，很可能面临无人负责的窘境。除了责任归属，还有责任大小的界定。智能机器、机器人如果造成侵权伤害，无论是裁定其所有者或是设计、开发者承担责任，赔偿额过低显然不合理，还可能使得开发者和使用者不去关注侵权伤害的风险问题。但要是赔偿额很高，每一单要赔偿天文数字，机器人领域的技术开发、商业应用、项目投资恐怕将马上停止，没有人能够担负得起无止境的安全赔偿责任[①]。

第三，隐私安全问题。大数据驱动模式主导了近年来人工智能的发展，成为新一轮人工智能发展的重要特征。人工智能越智能就越需要大量的人类数据作为"助推剂"，因此人类隐私可能暴露在人工智能之下。人工智能为了更好地完成人类意图完成的事情，就需要更多地把人类意图的非结构化语言转化成它可以识别的结构化语言，从而拥有我们所有的个体行为数据。这些看似不相关的数据片段可能被整合在一起，用于识别指纹、心跳等生理特征、行为喜好等行为特征和喜怒哀乐的性格特征。一旦人工智能掌握了使用者的行为模式，它就能通过细微动作去掌握使用者的想法和意图，也就意味着智能系统可能比我们更了解自己，在人工智能面前我们将毫无隐私。同时，拥有我们众多秘密的人工智能却不能跟我们"坦诚相待"，其不透明运行让人捉摸不透，无法理解它们是如何使用了我们的这些重要信息。为了实现人工智能集体智慧的快速提升，促进人工智能技术的发展，在同种人工智能设备中将鼓励信息共享。但人工智能自身通过程序建立起来的价值偏好不可能有效地区分人类的隐私，并进而保护人类行为的隐私安全。因此，我们那些十分重要的秘密可能会被它们当成一个客观事实而

---

① 乌戈·帕加罗. 谁为机器人的行为负责？[M]. 上海：上海人民出版社，2018.

呈现出来。

第四，削弱人类自由性。自主性即自我管理，是主体构建自我目标和价值且自由地做出决定、付诸行动的能力。当人工智能越来越深入地渗透进我们的生活时，也就意味着人类的行为选择越来越多地依赖于人工智能而做出，这在某种意义上就是不断削弱我们的自由行动。智能系统越来越多地代替我们作出决定。"从搜索引擎、在线评论系统到教育评估，市场运行、政治运动如何展开，甚至社会服务、公共安全管理等生活领域和公共政治领域都是由算法进行决策与管理"[①]。在此过程中，算法的自主性与主体的自主性呈现出此消彼长的态势。人工智能的自主性越来越高，也就意味着我们对它的理解和掌握越来越少，人工智能也在越来越多的方面威胁着我们自由选择的权利。在 2018 年澳大利亚科幻电影《升级》中，有一幕令人印象深刻：男主角格雷遭遇车祸和抢劫，挚爱的妻子遭人杀害，自己也成了高位截瘫，脖子以下身体部分全无知觉，只能由母亲照顾。母亲给他在家里安装了智能机械手臂照顾他的生活，但是格雷因目睹妻子死亡而心痛欲绝。在得知追查杀人凶手无果后，格雷无比绝望，他一次又一次地给智能机械臂下达注射药物的指令，最终智能机械臂在药物即将过量的时候停止了注射并拨打了急救电话，而一心求死的格雷最终再次在医院醒来。在人工智能面前，连自杀都成为不可能。当然，这个画面描述的情形十分极端。但在现实生活中，我们已经习惯甚至不以为意地将更多的事情交给智能系统去决定而放弃思考。

4.4　拓展阅读

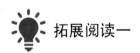 拓展阅读一 •••••••••••••••••••••••

何为 AI 奇点？

在人工智能领域里，有一个新名词叫"奇点"，围绕着"人工智能奇点"

---

① 刘培，池忠军. 算法的伦理问题及其解决进路[J]. 东北大学学报，2019(3).

"奇点时刻"，专家学者们纷纷加入讨论。你是不是也好奇，老被提到的人工智能奇点到底是什么？科学家口中的奇点时刻是什么时候？AI奇点对人类是福是祸？

AI奇点是什么？最先将"奇点"引入人工智能领域的是美国的未来学家雷·库兹韦尔。在他的《奇点临近》《人工智能的未来》两本书中，将二者结合，他用"奇点"作为隐喻，描述的是当人工智能的能力超越人类的某个时空阶段。当人工智能跨域了这个奇点之后，一切我们习以为常的传统、认识、理念、常识将不复存在，技术的加速发展会导致一个"失控效应"，人工智能将超越人类智能的潜力和控制，迅速改变人类文明。人工智能接近奇点的过程，必然是自身不断发展壮大的过程。学者们大致划分出人工智能将经历的三个阶段和层次：弱人工智能、强人工智能、超人工智能。当AI走到超人工智能的阶段，就意味着奇点的来临。

超人工智能什么时候会实现？什么时候奇点来临？雷·库兹韦尔认为："2045年，奇点来临，人工智能完全超越人类智能，人类历史将彻底改变。"对这一时间点，2013年，Bostrom做了个问卷调查"你预测人类级别的强人工智能什么时候会实现"，涵盖了数百位人工智能专家，并让回答者给出一个乐观估计、正常估计和悲观估计。结果，乐观估计中位年：2022年；正常估计中位年：2040年；悲观估计中位年：2075年。当然，这些都只是专家们的推测，但我们要注意的是，这是一群懂人工智能的人做出的估计。

奇点来临，对人类是福是祸？到达奇点的超级人工智能，他们的力量是难以预测甚至想象的，奇点处究竟是人类的天堂还是地狱？雷·库兹韦尔构想的奇点时代能让我们大幅度提高智商和情商，还能帮助我们创造这种有趣的体验世界，让我们享受。人类最终战胜自己的生理，并且变得不可摧毁和永生。雷·库兹韦尔无疑是乐观的，但批评的声音也同样逆耳。霍金就主张人工智能的崛起可能是人类文明的终结，马斯克也认为人工智能将是人类的一大威胁。当我们考虑各种掌握力量的人和目标，可怕的后果将出现：怀着恶意的人/组织/政府，掌握着怀有恶意的超人工智能。这会是什么样的情况呢？当我们无法预料人工智能的最终走向，我们茫然；目睹他一步步影响我们的社会，我们开始恐慌；当他有了自我意识，甚至和人一样的人性阴暗时，我们创造出了一个很恐怖的词：生存危机，意味着灭绝。所有这些，最终都指向两个字"失控"，我们制造了人工智能，却失去了对它的控制。这就是今天的 AI 发展将安全可控作为人工智能发展的首要准则的原因。

（摘录自 https://cloud.tencent.com/developer/news/68740）

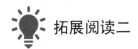

拓展阅读二 ··

发展负责任的人工智能：新一代人工智能治理原则发布

2019 年 6 月 17 日，国家新一代人工智能治理专业委员会发布《新一代人工智能治理原则——发展负责任的人工智能》（以下简称《治理原则》），提出了人工智能治理的框架和行动指南。

近年来，人工智能迅速发展，正在深刻改变人类社会生活、改变世界。为促进新一代人工智能健康发展，加强人工智能法律、伦理、社会问题研究，积极推动人工智能全球治理，新一代人工智能发展规划推进办公室成立了国家新一代人工智能治理专业委员会。

起草《治理原则》是委员会今年的重点工作，《治理原则》经过网上建议征集、专家反复研讨、多方征求意见等环节，凝聚了广泛共识。

《治理原则》旨在更好协调人工智能发展与治理的关系，确保人工智能安全可控可靠，推动经济、社会及生态可持续发展，共建人类命运共同体。《治理原则》突出了发展负责任的人工智能这一主题，强调了和谐友好、公平公正、包容共享、尊重隐私、安全可控、共担责任、开放协作、敏捷治理八条原则。

《治理原则》全文如下：

新一代人工智能治理原则——发展负责任的人工智能

全球人工智能发展进入新阶段，呈现出跨界融合、人机协同、群智开放等新特征，正在深刻改变人类社会生活、改变世界。为促进新一代人工智能健康发展，更好协调发展与治理的关系，确保人工智能安全可靠可控，推动经济、社会及生态可持续发展，共建人类命运共同体，人工智能发展相关各方应遵循以下原则：

一、和谐友好。人工智能发展应以增进人类共同福祉为目标；应符合人类的价值观和伦理道德，促进人机和谐，服务人类文明进步；应以保障社会安全、尊重人类权益为前提，避免误用，禁止滥用、恶用。

二、公平公正。人工智能发展应促进公平公正，保障利益相关者的权益，促进机会均等。通过持续提高技术水平、改善管理方式，在数据获取、算法设计、技术开发、产品研发和应用过程中消除偏见和歧视。

三、包容共享。人工智能应促进绿色发展，符合环境友好、资源节约的要求；应促进协调发展，推动各行各业转型升级，缩小区域差距；应促进包容发展，加强人工智能教育及科普，提升弱势群体适应性，努力消除数字鸿沟；应促进共享发展，避免数据与平台垄断，鼓励开放有序竞争。

四、尊重隐私。人工智能发展应尊重和保护个人隐私，充分保障个人的知情权和选择权。在个人信息的收集、存储、处理、使用等各环节应设置边界，建立规范。完善个人数据授权撤销机制，反对任何窃取、篡改、泄露和其他非法收集利用个人信息的行为。

五、安全可控。人工智能系统应不断提升透明性、可解释性、可靠性、可控性，逐步实现可审核、可监督、可追溯、可信赖。高度关注人工智能系统的安全，提高人工智能鲁棒性及抗干扰性，形成人工智能安全评估和管控能力。

六、共担责任。人工智能研发者、使用者及其他相关方应具有高度的社会责任感和自律意识，严格遵守法律法规、伦理道德和标准规范。建立人工智能问责机制，明确研发者、使用者和受用者等的责任。人工智能应用过程中应确保人类知情权，告知可能产生的风险和影响。防范利用人工智能进行非法活动。

七、开放协作。鼓励跨学科、跨领域、跨地区、跨国界的交流合作，推动国际组织、政府部门、科研机构、教育机构、企业、社会组织、公众在人工智能发展与治理中的协调互动。开展国际对话与合作，在充分尊重各国人工智能治理原则和实践的前提下，推动形成具有广泛共识的国际人工智能治理框架和标准规范。

　　八、敏捷治理。尊重人工智能发展规律，在推动人工智能创新发展、有序发展的同时，及时发现和解决可能引发的风险。不断提升智能化技术手段，优化管理机制，完善治理体系，推动治理原则贯穿人工智能产品和服务的全生命周期。对未来更高级人工智能的潜在风险持续开展研究和预判，确保人工智能始终朝着有利于人类的方向发展。

国家新一代人工智能治理专业委员会

2019 年 6 月 17 日

第5章

大学生网络失范行为

真正的困难，那种挫败了亘古至今所有圣贤的困难还在于：我们怎样才能使我们的教化在人的感情生活中更加有效，从而使它的影响能够抵挡个人的原始精神力量的压力？

——阿尔伯特·爱因斯坦

5.1　案例分析讨论：快播和快播案

 案例 ··

快播(又叫 QVOD 或 Q 播)是一款基于准视频点播内核的、多功能、个性化的播放软件。与传统播放软件不同的是，快播集成了不一样的播放引擎，应用 P2P 技术并支持 MKV、RMVB、MPEG、AVI、WMV 等主流音视频格式。

深圳市快播科技有限公司 CEO 王欣，"80"后，毕业于南京邮电大学。2007 年 12 月，王欣第二次创业，成立快播公司。该公司研发的快播软件，通过在全国多地布建服务器、远端维护管理、实现视频共享和绑定阅读等方式，集成多种功能，用户直线上升，2011 年后快播成为了全中国市场占有量第一的播放器。截至 2014 年 3 月，快播在互联网领域已拥有 4～5 亿的用户。快播一度被誉为"看片神器""宅男必备"，因为不少网友都知道，用快播能极为方便地搜索和播放大量淫秽视频及侵权盗版作品。

2014 年 5 月 20 日下午，深圳市市场监督管理局对深圳市快播科技有限公司送达了拟行政处罚听证通知书，拟对快播处以 2.6 亿元罚款，理由是初步确定其违反相关知识产权方面的法律法规。而在事发前一个月，快播科技曾连发两条微博表示将关闭 QVOD 服务器，并从技术上转型为发布原创正版内容，这也就意味着"搜索电影、点开网站、快速播放"的快播模式将不复存在，这更意味着用户无法再使用快播播放器通过第三方网站链接观看大量涉嫌盗版和色情的视频内容。

2014 年 4 月，根据群众举报，北京市公安部门对深圳快播公司网上传播淫秽色情信息一案进行了立案调查。随后，深圳快播公司法定代表人兼总经理王欣潜逃至境外。为尽快将其缉捕归案，公安部协调国际刑警组织发布了红色通报。2014 年 8 月 8 日，王欣在韩国济州岛被抓获，并于当日被押解回国。经查，自 2010 年以来，王欣等人开发了快播视频播放软件系统，以只做技术、不问内容为借口，大打所谓"擦边球"，明知快播系统内有大量淫秽色情视频，却放任其广泛传播，甚至在公司遍布全国各地的服务器中存储大量淫秽色情视频供网民浏览下载。到案后，王欣对明知快播公司服务器内有大量淫秽色情视频，为了牟利放任不管的犯罪事实供认不讳。

2016 年 9 月 13 日上午，深圳快播公司及其主管人员王欣等 4 被告人涉嫌传播淫秽物品牟利一案，在北京市海淀区人民法院一审宣判。深圳快播公司犯传播淫秽物品牟利罪，判处罚金 1000 万元；被告人快播公司法定代表人兼 CEO 王欣，犯传播淫秽物品牟利罪，判处有期徒刑 3 年 6 个月，罚金 100 万元。

面对央视记者的采访，王欣说："我们可能确实存在一些惰性或侥幸思想，影响的不是几个人，而有可能是一代人。他后来语气哽咽地说："一个产品即便做大做强了，今天失败了，走向灭亡了，也不会有好结果，这是我自己的总结，也是对这个行业的从业者的一个忠告。"

【分析】

技术无罪论？王欣曾反复兜售他的技术中立观点："快播"播放器只提供了一种视频播放的技术。在这一点上，"快播"播放器与浏览器等性质一样，"用户打开涉黄网站也要用到浏览器，为什么没有人指责浏览器也涉黄？"

从技术上来看，快播属于P2P软件(Peer-to-Peer)，又称对等互联网络技术，是一种网络新技术，它依赖网络中参与者的计算能力和宽带，片源与资源都可以在网络中被用户共享，快播公司自己并不制作视频，并且还开发了自动存储功能，视频经过十次以上的点击就会自动上传到内部存储器，以便用户随时下载存储。快播案中最根本的分歧在于"技术本身无罪"这一观点，事实上，技术开发与技术运用蕴含的价值判断是不同的，就快播案而言，快播公司开发 P2P 技术本身是中立的，但将这一技术运用于视频的播放与传输，就意味着该技术与社会进行了连接，具备了社会属性，而不是单纯的技术行为。因此真正可罚的并不是中立的技术开发行为，而是通过为用户提供检索和点播的方式传播淫秽物品的行为[1]。

作为不作为？一般来说，在认可网络服务提供者具有网络安全管理义务的框架下，经告知后网络服务提供者未采取行动是其承担刑事责任的基础。快播案以传播淫秽物品牟利罪定罪，在行为上既包括作为，也包括不作为。例如，快播公司因未履行网络安全管理义务，致使缓存服务器中的淫秽、色情文件被多数客户播放、下载等(被动输出)，就是一种以不作为方式传播淫秽物品并牟利的行为。

在快播案中，与传统犯罪最大的不同点在于，实行行为被消解，而帮助行为的作用格外明显。快播公司运用 P2P 技术的行为对淫秽视频的传播起到了重要的推动和帮助作用，对传播结果的发生起到决定性的影响。

【讨论】

王欣的辩护律师提出了下面两个例子，你怎么看？

(1) 我们的手机经常收到诈骗短信，这些短信都是通过通信公司的网络传递的，那中国移动知不知道它的网络被不法分子用来进行犯罪活动？它知道是不是需要转型？

(2) 还有现在非常流行的各种"云存储空间"，有人在里面放一些淫秽色情的资料。这些公司的负责人是不是也要被抓？

---

[1] 赵津."快播案"的法律适用[J]. 人民法治，2017(2).

5.2　网络失范行为概述

网络在我国快速发展，应用广泛，形成并构建了网络社会。网络作为人性的实验室，形形色色的网络失范行为亦从中不断萌生并野蛮生长，给社会生活带来极大的危害。

5.2.1　网络失范行为

"失范"概念最早由法国社会学家迪尔凯姆提出，他将"失范"解释为"一种社会规范缺乏、含混或者社会规范变化多端以致不能为社会成员提供指导的社会情境"。判定网络行为失范，着重需要把握两个尺度，一是要看网络行为本身是否违背或偏离了既有的社会规范，二是要看它们是否具有一定的社会危害性。这样，我们可以将网络失范行为界定为网络行为主体在网络世界中违背一定的社会规范和所应遵循的特定行为准则而产生的一种行为偏差。

网络失范行为一般归纳为四种类型：网络违规行为、网络侵权行为、网络暴力行为和网络犯罪行为。网络违规行为主要是指网民在网络环境中违背了基本社会道德和生活规范的行为。大学生以"沉迷网络游戏""浏览网络不良信息""滥用网络语言"等行为为典型。网络侵权行为是指网民在网络环境中发生的侵权行为，其本质与传统侵权行为相同，都是知识侵权的一种形式。譬如，大学生在未经允许的情况下对网络上他人或机构所创造的文字、图片、视频资料、多媒体作品等网络资源，通过复制、转载、链接等形式据为己有或肆意传播，从而侵害到他人或机构权益的行为。网络暴力行为是指网民在互联网络上发表具有攻击性、侮辱性、伤害性、煽动性等内容的行为现象，是社会暴力在网络上的有效延伸。以人肉搜索为例，网民通过发布言论、图片或视频等，在网络空间对当事人甚至其家人、工作单位进行道德审判，造成名誉和精神伤害均属网络暴力行为。网络犯罪行为是指以网络为工具或以侵犯网络为目的而实施的违反法律规定、扰乱网络空间秩序和危害网络系统安全的犯罪行为。

网络失范行为的四种类型中，后三者在严格意义上均属于违法犯罪行为，只是侵权（如知识产权的侵犯）和暴力两类行为的程度相对较轻，不一定会对他人构成明显的伤害。

在中国，大学生犯罪与互联网的相关性越来越明显。网络不仅成为大学生犯罪的重要工具和场所，也是许多大学生犯罪的主要诱因。大学生网络犯罪有三种：一是以计算机网络为客体而实施的违法犯罪行为，如滥用信息技术、制造和传播网络病毒、侵犯他人隐私权等；二是以计算机网络为媒介而实施的违法犯罪行为，如借助网络传播有害数据、发布虚假信息、实施诈骗、盗窃、组织卖淫等；三是基于网络诱因而实施的违法犯罪行为，如因网络色情、暴力等不良信息的诱惑而实施的抢劫、强奸、故意伤害等。

5.2.2　虚拟性与行为失范

在第 1 章 1.2.1 小节"网络伦理何以发生"中多维度诠释了网络道德的发生，同样是网络失范行为的缘由。从心理学角度分析，大学生网络行为失范生长的一个心理因素是对网络虚拟性认知的放大和曲解。

1. 网络的虚拟性

所谓网络的虚拟性，是指计算机网络所具有的空间虚拟化特征。这种虚拟世界的存在形态是无形的，它以知识、信息、消息、文字、图像、声音等作为自己的存在形式，而这些存在形式最终都归结为符号。互联网兴起的时候，隔着屏幕和网络，大家可以随意的隐藏身份，男人可以伪装成女人，胖子可以伪装成瘦子，"屌丝"可以伪装成"高富帅"，狗可以伪装成人。《纽约客》杂志里面曾经有一句非常著名的话：在互联网上，没有人知道你是一条狗(见图 5-1)。

柏拉图在《理想国》一书中，讲述了一个牧羊人古格斯戒指的故事：有一个牧羊人名叫古格斯，放牧途中遭遇暴风雨，紧接着又发生了地震，眼前的大地赫然出现了一道裂缝，他抵御不住好奇心，决定下去一探究竟，结果发现里面有很多的金银财宝，他从一具石首的手指上取下一枚戒指，然后离开了这个洞穴。事实证明，这是一枚可以隐身的魔戒，只要他把戒指上的宝石朝手心方向一转，别人就看不见他了，再把宝石向外面一转，别人又看见他了。有了这枚戒指，古格斯就获得了不受惩罚的能力，最终他竟然勾引王后，谋杀国王，窃取王位，做尽了恶事。

图 5-1　在互联网上，没有人知道你是一条狗

通过这个故事，柏拉图提出了一个深刻而重要的哲学问题：如果一个人能逃脱而不受惩罚又为什么非要去寻求公正呢？现如今，互联网似乎让我们基本处于隐形状态，换句话说，是否可以认为，互联网给了我们每个人成为古格斯的机会？

2. 互联网魔戒存在与否

虚拟空间给人一种"不在场""缺席"的认知，或者自信拥有高超网络技术能让自身实现隐身的虚拟认同，给"互联网魔戒"的存在做了背书，在一定程度上诱发和助长了大学生网络行为失范。

2010 年 11 月杭州某棋牌游戏网站的经营人员向该网站服务器所在地南京市公安局玄武分局报案称，该网站的"虚拟银行"中的"银子"数量每天都固定增加 1.2 亿两，相当于人民币 1 万余元。而这些"银子"产生后，迅速被人转卖给其他用户。同时，由于多余货币的产生，该游戏平台的虚拟货币贬值，给网站造成间接损失人民币 400 余万元。网站怀疑他们的系统被黑客入侵。经过多日追踪，警方终于将这名侵入受害网站的"顶级"黑客——宋延熙抓获归案。

翻开宋延熙的个人履历，的确让不少人为之羡慕。上高中时，宋延熙被国内某顶尖理科院校提前单独招生录取，本科毕业后，进入中国科学院攻读硕士研究生，之后又继续攻读博士学位，并顺利成为中国科学院研究

153

员，现供职于新加坡某大学。

宋延熙归案后，也曾一度后悔，但与其他不法分子不同的是，他的悔意却是对警方能抓获他的"不服气"。当宋延熙在给警方演示他是如何侵入游戏网站后台过程中，办案民警指出了他的错误，他甚至翘起大拇指表示由衷的佩服。

"我以为警察没有能力抓到我。"宋延熙说。

随着大数据时代的来临，我们在网上所有的行踪都会被跟踪和记录。与传统世界不同，网络世界的虚拟性是把现实生活中的各种身份、脸谱、场所等都模糊化、符号化和平等化，从而为各种可能的犯罪活动提供了更为便捷和隐蔽的条件。今天，大数据和人工智能技术对你的网络应用点点滴滴进行拼图，复原你的身份、脸谱、场所。

总而言之，现在的情况是，如果你是一只狗，人们不仅知道你是一只狗，还知道你是一只什么样的狗，连你有几根毛都能了解得清清楚楚。

5.3 大学生主要网络失范行为

事实上，随着互联网技术的不断创新，网络失范和犯罪行为亦花样百出，令人防不胜防。本节仅讨论大学生使用网络过程中存在的几种主要失范行为。

5.3.1 网络成瘾

根据《中国青少年健康教育核心信息及释义(2018 版)》，网络成瘾指在无成瘾物质作用下对互联网使用冲动的失控行为，表现为过度使用互联网后导致明显的学业、职业和社会功能损伤。2018 年，世界卫生组织将"游戏成瘾"列入精神疾病范畴。

网络成瘾综合症与毒瘾在某种程度上有些类似。网络成瘾综合症发作时，严重的患者也会出现如同瘾君子那样的手抖、出汗、心力不集中、食欲不振等间断症状，这类现象被称为"网络成瘾综合症"或 IAD(Internet Addiction Disorder)。如果网络成瘾综合症达到一定的程度，就会成为一种精神性病症，主要表现为容易兴奋、焦虑、抑郁等，严重者会引发自杀等更严重的社会问题。网络成瘾可分为五种类型：① 网络性成瘾：沉迷于观看、下载和购买色情视频，沉迷于成人幻想和角色扮演的聊天室；② 网络关系成瘾：过度沉溺于网络关系而不顾现实生活的关系，如沉迷聊天室、虚拟爱情；③ 网络赌博成瘾：沉溺于网络赌博、游戏、疯狂购物或进行股票交易；④ 网络信息成瘾：由于网络存在海量的信息，成瘾者花费特别多的时间浏览、收集和组织信息；⑤ 使用计算机成瘾：使用计算机成为一种强迫性行为。

网络成瘾的人有可能会对自己及其他人造成伤害，带来社会问题，因此，网络成瘾是一种失范行为。

1. 大学生网络成瘾的基本信息

从大学生网络成瘾相关数据信息（表 5-1）可以看到，大学生轻度网瘾百分比基本保持在 60%以上。随着移动互联网和通信技术的快速发展，重症患者比例呈增长趋势。

表 5-1　大学生网络成瘾数据信息

	2005 年	2007 年	2008 年	2009 年	2012 年
普通使用者	40.3%	36.0%	26.0%	30.7%	32.8%
轻度网瘾	57.1%	61.1%	71.3%	66.6%	63.5%
重症患者	2.6%	2.9%	2.8%	2.7%	3.7%

2. 大学生网络成瘾的原因

第一，心理原因。有研究显示，长时间上网会使个体大脑中的一种叫多巴胺(Dopanine)的化学物质水平升高，这种类似于肾上腺素的物质短时间内会使人高度兴奋，但其后则令人颓废、消沉。大学生迷恋网络的心理原因是多方面的。首先，网络成瘾与大学生的心理特点相关。大学生不仅具备丰富的网络知识，他们的生理发育已经处于基本成熟、逐步稳定的阶段。伴随着生理的成熟，大学生自我意识开始增强，但有的缺乏自制、自立能力；追求个人的自主行为和个人需要的满足，却往往缺乏对人生的自我规划能力，尤其是对时间的自我管理能力较弱。因此，在互联网的巨大诱惑面前，一些大学生会表现为缺乏自我监控能力，最终成为 IAD 易感群体。其次，网络成瘾和部分大学生的人格特征密切相关。心理学研究发现，

IAD 患者往往具有自制力弱、有依赖感、人际关系敏感、孤独、抑郁、焦虑、性格内向、缺乏自信、对外在压力承受力弱、需要满足受阻、挫折感强、无价值感、容易逃避现实等人格特征。这些群体往往把上网作为最好的精神寄托。

第二，互联网企业成瘾盈利模式。所谓成瘾盈利模式，指企业为盈利而在其提供的服务中设置的某些元素，以诱惑、软强制用户长时间/频繁参与，形成依赖。成瘾盈利模式的实质是将人性的弱点化为最丰厚的利润。网络游戏虚拟世界中越来越明显的社会性，才是让玩家越来越不忍离去的原因，他们可以交友、娱乐、休闲，甚至通过各种代表在网络游戏中的身份的等级来完成自我实现。为了能够准确找到并"控制"住人性的弱点，主要的网络游戏公司都聚集了大量的游戏心理学、经济学、数学、策划、美工等方面的高手，使用户被游戏环环相扣的设计所吸引。大型网络游戏《征途》，在短短 1 年多的时间里，收入就已位列国内本土游戏厂商第三，2007 年上半年收入达到 7.79 亿元。中国最具价值的营销实战专家路长全指出，《征途》"成功的核心点是激发了人内心深处深层次的人性。比如，人有一种破坏的愿望，但是不敢在现实世界中实施，破坏要受到法律的惩罚，一些人到虚拟世界去杀人、赌钱。人都有三种本性，即豪赌、贪婪和破坏，你会发现在《征途》里面这三个方面被激活得淋漓尽致"。

国民手游《王者荣耀》，注册用户突破 2 亿，吸引 5000 万的日活用户，2018 年王者荣耀手游吸金达 130 亿元，游戏主力人群的年龄集中在 11～20 岁(53%)。许多玩家调侃"王者荣耀"为"王者农药"，寓意是会让人上瘾的游戏。首先，王者荣耀把社交属性发挥到极致，这是其他游戏无法做到的。人们除了在游戏里面推塔杀人，还可以顺便完成联络感情等，既可以在游戏中拜师收徒，也可以在游戏中和别人建立情侣、闺蜜、好基友、死党等关系。其次，"每次失败就差一点点"感觉设计。当我们在打王者荣耀排位赛的时候，处在青铜段位的玩家希望自己升到白银段位，白银的希望能够升到黄金，然而，一到关键赛局的时候(还赢一场比赛就能够升段时)，系统就会为你匹配胜率极低的"坑队友"，所以你会发现，打了一个晚上，段位还在原地踏步。最后，王者荣耀在提高用户粘性和促进拉新两方面也做出了很多举措，比如，"连续登录领奖"、"签到领奖"、"新手体验大礼"

等活动。

成瘾盈利模式给网游企业带来了巨大经济利益的同时,对于大学生的健康成长也造成相当大的影响。网络游戏每年动辄百亿元的巨大产值,吸引着越来越多的新兵跻身其中。腾讯 2018 年网络游戏总收入达 1284 亿元,占其总收入的 41%,平均每天收入高达 3.52 亿。但火热的市场行情之下依然问题丛生。如何平衡商业利益与社会责任已经成为网游企业无法回避的课题。在以逐利为唯一目标的网游行业,让玩家深陷其中无法自拔,网瘾也成为网游最受诟病的方面。

如果说网络游戏中常用的是显性成瘾盈利模式,那么,腾讯 QQ 升级规则设计就是隐性成瘾盈利模式。QQ 等级最先是以钟点来计算的,那段时间,绝大多数 QQ 用户都在挂 QQ,办公室、宿舍环境中甚至出现 24 小时挂 QQ 现象。然后就有不少媒体谴责其浪费能量物质(如电力、流量等),在有关部门的介入下,2005 年,腾讯公司将 QQ 等级变为"活跃天数"的计算,每天只要在线 2 小时就算 1 天,半小时以上两小时以下则记为半天。具体换算方式见表 5-2。

表 5-2 QQ 等级图标和等级一览表

等级	等级图标	原需小时数	现需天数
1	☆	20	5
2	☆☆	50	12
3	☆☆☆	90	21
4	☾	140	32
5	☾☆	200	45
6	☾☆☆	270	60
7	☾☆☆☆	350	77
8	☾☾	440	96
12	☾☾☾	900	192
16	☺	1520	320
32	☺☺☺	5600	1152
48	☺☺☺	12 240	2496

第三，现实境遇。心理学家指出，"人际关系"是人们重要的幸福感来源。当一个人的社会关系网比自己预期的更小或更不满意时，孤独感就会出现。当今社会，现实生活节奏太快、压力过大、价值观更新以及变动频繁等各种客观因素，都导致人们越来越难维护一个稳定、可控且满意的社会关系网；人们对自己的现实社交结果不满意时，就需要替代内容。参与互联网社区的互动，发展虚拟社会关系网是一个不错的解决方案。因此，不少心理学家在研究网络成瘾患者的时候，倾向于认为其根本问题源于现实而不是网络。大学生遭遇挫折之后，网络往往成为情绪宣泄的最佳途径；大学生存在情感需要的丰富性与满足的有限性的矛盾，在现实需要受阻后，往往求助于网络来满足情感的需要。尤其是在大学低年级，学生中普遍存在不合群和自卑感、人际关系的不协调、学习上的不适应、不会科学安排自己的生活等特点，这些都使得大学生把网络作为自己最好的安慰剂。

正如《广州日报》刊登的一篇读者来信所言：为什么我们沉迷于网络游戏？因为我们曾经用网络来安放我们的青春。为什么我们不愿与父母交流？因为很多时候，其实是无法交流……老师们将无数的知识强迫地硬塞进我们的脑海里，想要我们将所有的时间都放在应试教育上，而从不问我们到底喜欢什么，不喜欢什么。

第四，网络的强大诱惑力。被称为"第四媒体"的网络以其信息量大、交互性、平等性、虚拟性、交往的无限制性、匿名性、安全性、社会规范的弱化、人格多元性等特点对人们形成强大的吸引力，并构成了人们生存的"第二空间"。与传统媒体不同的是，在网络面前，人们不仅仅是读者，在阅读、欣赏网络内容，而且是演员，通过角色扮演的方式参与和融入网络。有网络成瘾者就沉溺网络游戏的缘由做了深入剖析：

玩家沉溺 6 年后顿悟，写下万字网瘾分析

"我被摧残了 6 年，现在醒悟还不算太晚。"一名曾经是沉溺网游的玩家，现在成了网游最清醒的批判者。

陈山，北京小伙，"骨灰级"游戏玩家，从 16 岁开始玩网络游戏，到今年 21 岁，玩遍了从石器时代到传奇、天堂 2、泡泡堂等 30 多个网络游戏。他因玩游戏甚至毁掉了身体。

今年 5 月份，陈山在玩腻了各种游戏后突然"顿悟"，并写下了 11 000 多字的"网络成瘾分析"。他在文章中用亲身体验详细分析了部分网络游戏中所存在的赌博性、暴力教唆性、淫秽性等问题，并提出了个人的解决办法。"这篇网络玩家的剖析，我们的专家和医生认真学习了 3 天。"北京军区总医院成瘾医学治疗中心主任说。

"网络游戏是一个人逃避现实的最好场所，也可以说是一个人的精神寄托之地。"陈山说出了网络成瘾的根本原因。"我国网络游戏使玩家成瘾从而导致不良后果的主要原因之一，在于国家对电子娱乐产业的相应法律、法规、监督以及具体的管理措施方面严重地跟不上该产业的发展速度。"陈山接着分析说。

"网络游戏的恶劣性质，基本体现在网络游戏设定方面存在赌博性、暴力教唆性、淫秽性 3 个方面。"陈山在这份"万言书"中向他曾经迷恋 6 年的网络游戏反戈一击。

"赌博性质贯穿在游戏内道具升级设定、游戏人物死亡物品掉落设定、游戏内怪物掉宝几率设定等方面。"

"攻击、攻击、再攻击，直到死亡。不要说 CS、魔兽世界，几乎所有的网络游戏都带有一定的暴力教唆性。"玩家指出："这导致游戏中玩家之间往往可以以不正当的手段强行得到他人的财物。"

"多款游戏内人物在脱掉所有衣服后的画面设定是，男性角色只穿内裤，女性角色只穿内裤和文胸。由于有些游戏有较多的人物动作设定，其中经常有不良玩家用女性角色进入游戏，然后脱掉所有衣服开始跳舞。"

3. 大学生网络成瘾的危害

网络成瘾无论是给成瘾者自身还是社会带来的影响和危害已成为家长和一些教师排斥网络、让青少年远离网络的最直接依据。2005 年 11 月 13 日，首届国家最高科技奖获得者、著名数学家吴文俊等五位两院院士在北京联合签名，呼吁全社会"关注网络沉溺，保护网瘾少年"[①]。大学生网络成瘾的后果主要有：

首先，网络成瘾严重影响他们的学业。近年来，由于网络成瘾而导致

---

① 魏铭言，王荟. 上百万少年网游成瘾，5 院士签名呼吁社会关注[N]. 新京报，2005-11-13.

学习成绩下降、退学的报道接二连三，已引起社会、高校的普遍忧虑。一些学生经常熬夜到很晚还在上网或玩游戏，第二天逃课、学习质量差的情况较多。

其次，网络成瘾给大学生身心健康带来危害。

调查显示网络综合症成为大学生心理健康杀手

今天是全国大学生心理健康日，但温州数家高校昨日披露的一项专门针对该市大一学生做的心理健康测量普查结果显示，二成学生有心理障碍，其中网络综合症已进入大学生心理健康"杀手"行列。

参加调查的高校包括温州医科大学、温州大学、温州职业学院等，调查显示，16%～20%的该市大学生有不同程度的心理障碍，以焦虑不安、恐怖、神经衰弱、强迫症状和抑郁情绪为主。其中 10%的学生属中度以上，有间发性的精神问题；4%～5%的学生已到了重度，需立即安排辅导，长期跟踪。

心理专家表示，网络综合症如果达到一定的程度，就会成为一种精神性病症，主要表现为容易兴奋、焦虑、抑郁等，严重者会引发自杀等更严重的社会问题。

最后，网络成瘾引发犯罪问题。调查表明，部分大学生由于网络成瘾，导致无法合理安排生活费用，整个大学就是生活在沉重的"债务"之中，严重者发展为偷窃、抢劫。网络综合症研究专家陶宏开教授在分析北京网络综合症问题时透露："北京青少年网络犯罪率惊人，90%的青少年犯罪与上网成瘾有关。"2007 年 7 月 12 日 22 时，天津静海县 21 岁的高某网瘾发作，在抢劫王小姐的钱财和手机遭拒后，恼羞成怒，掏出一把尖刀朝王小姐右臀及腹部各捅一刀，王小姐由于失血过多死亡。2010 年 3 月 17 日，南昌市两大学生因无钱上网，在青山湖区民营科技园民安路与科技大道交叉口，用割喉方式，将的哥骆传友杀死在出租车内。2010 年 8 月 1 日，为了找钱上网，河北石家庄 21 岁的杜亮和表哥梁明兄弟俩将一名收废品的妇女杀死焚尸，抢钱后继续去上网。杀人后的 3 天里，俩人一直没离开网吧。8 月 4 日，鹿泉警方破获了这起杀人焚尸案。2010 年 6 月 20 日，湖南衡阳

"90 后"肖某携带 1000 多元现金,从家中来到祁东县城洪桥镇某网吧疯狂上网,每天吃住在网吧,直至 8 月 11 日,前后一共 52 天。8 月 7 日晚 11 点左右,见身上的钱已经花完,肖某窜进祁东县老建材城住宅区用竹棍进行盗窃,被 20 多岁的小花(化名)碰上。见小花手提着包,他便立即冲上去进行抢劫。小花死死抓住包不放,肖某拔出弹簧刀连刺她腹部数刀,又朝她背部捅了几刀,直至小花松手。然后,肖某又进入该网吧上了一个通宵的网。这次抢得的 400 多元钱很快花光了。8 月 12 日凌晨,肖某来到某居民区踩点时,透过没有拉窗帘的窗户发现,在卧室上网的彭某系一单身女性,便产生了在此作案的想法。等彭某入睡后,肖某入室搜索,被发现后,肖某行凶,用弹簧刀连刺彭某颈部 9 刀,随后拿起彭某的手提包从窗户处逃走。

5.3.2　黑客

随着互联网的广泛应用,掌握网络攻击和入侵技术的黑客对网络、社会乃至国家安全具有越来越重要的影响。

1. 黑客内涵的演变

黑客一词最早源自英文 hacker,原指"'狂热编程'和'信息共享是至善,编写自由软件,使获得信息和计算机资源更为便利,共享他们的专用技术是黑客的伦理责任'的人"[①]。发明苹果计算机的黑客伯勒尔·史密斯这样定义黑客:"任何职业都可以成为黑客。你可以是一个木匠黑客,不一定是高科技。我认为只要与技能有关,并且倾心专注于你正在做的事情,你就可能成为黑客"[②]。简单地说,早期黑客是一群热衷研究、撰写程序且具有相应伦理责任的电脑专家。微软 CEO 和首席软件设计师比尔·盖茨、万维网之父伯纳斯·李、Linux 内核的发明人及该计划的合作者李纳斯·托沃兹等都是早期黑客的杰出代表。因此,黑客一词早期在计算机界褒义居多。

事实上,维基解密的创始人阿桑奇·朱利安早年亦是著名的黑客。1997

---

① 派克·海曼. 黑客伦理与信息时代的精神[M]. 北京:中信出版社,2002:前言.

② 派克·海曼. 黑客伦理与信息时代的精神[M]. 北京:中信出版社,2002:6.

年出版的《地下黑客社会》一书中的黑客"门达科斯"的原型就是朱利安。门达科斯是个天才少年，从不知道自己的父亲是谁，打小就跟母亲流浪各地，第一个继父是演员兼酒鬼导演，第二个继父是个业余音乐家。少年时的门达科斯就已经设计出一个名为"马屁精"的程序，它可以渗透美国五角大楼、航空航天局、美国核安全局等安全组织。一天，门达科斯进入了MILNET①的安全协同中心，该中心负责收集 MILNET 电脑中的每一种可能的安全警报。这些电脑主要是 DEC(数字设备公司)制造的最顶尖电脑，拥有优良的自动安全程序。任何异常事件都会触发自动安全警报。某人登录的时间过长或多次登录失败有猜测口令的嫌疑，或两人同时登录一个账号等都会引发报警。当地电脑将立刻向 MILNET(军用网络)安全中心发送一份"违规"报告，在安全中心汇总成为一份"嫌疑清单"。门达科斯在电脑屏幕上飞快地翻阅 MILNET 的安全报告，一份来自德国的美国军方网站的报告引起了他的注意。这位系统管理员报告说有人反复尝试入侵他的电脑，且最终成功侵入。管理员好不容易找到了入侵者的源头，令人吃惊的是它来自MILNET 的另一台电脑……

Hacker 拥有强烈的激情和一定的伦理责任。一度被称作"因特网之父"的文顿·瑟夫(Vinton Cerf)曾这样评述那些痴迷的编程专家尽全力编程的魅力："编程令人愉悦。"制造第一台真正的个人电脑的史蒂夫·沃兹尼亚克直率地道出了他对编程的奇妙感受："这是一个充满魅力和诱惑的世界。"这是一种精神：黑客精神，因为编程的挑战对他们而言本身就是一种乐趣。与编程有关的难题激发了黑客真正的好奇心，使他们渴望学习更多的东西。雷蒙德在他关于 Unix 黑客哲学的阐述中，也很好地概括了一般的黑客精神：要正确奉行 Unix 哲学，你必须忠于完美。你必须相信，软件是一种值得你付出全部智慧和激情的艺术……软件的设计和应用是一种快乐的艺术，一种高水平的游戏。要正确奉行 Unix 哲学，你必须持有(或重新获得)这种态度。你必须去关怀，你必须去玩，你必须心甘情愿去探索。雷蒙德在他的黑客指南《如何成为一名黑客》一文中指出："作为一名黑客是很有乐趣的，但这是一种要付出很多努力的乐趣。""艰苦的工作和奉献将变成

---

① MILNET 是指定给美国的机密军事部门使用的军用网络。当 1983 年 MILNET 从 APPA 网分出之后，APPA 网仍然被学术研究机构使用。

激烈的游戏，而不是苦差事。"

　　总之，Hacker 伴随着计算机和网络的发展而产生、成长，他们对计算机有着狂热的兴趣和执着的追求，他们不断地研究计算机和网络知识，发现计算机和网络中存在的漏洞，喜欢挑战高难度的网络系统并从中找到漏洞，然后向管理员提出解决和修补漏洞的方法。一般来说，Hacker 不干涉政治，不受政治利用，他们的出现推动了网络的发展与完善。Hacker 所做的不是恶意破坏，他们是一群纵横于网络上的大侠，追求共享、免费，提倡自由、平等。Hacker 的存在是由于计算机技术的不健全，从某种意义上来讲，计算机的安全需要更多黑客去维护，"黑客存在的意义就是使网络变的日益安全完善"。

　　中国 Hacker 成长于 20 世纪末(1997—1999 年)，国内许多从事计算机网络安全技术领军人物早年都有过黑客经历，如前金山公司总裁兼 CEO 雷军、中国黑客之父"木马冰河"作者黄鑫[①]等。21 世纪初(2000—2003 年)，这一时期国内的黑客基本分成三种类型：第一种是以中国红客为代表，略带政治性色彩与爱国主义情结的黑客。第二种是以蓝客为代表，他们热衷于纯粹的互联网安全技术，对于其他问题概不关心的技术黑客。第三种就是完全追求黑客原始本质精神，不关心政治，对技术也不疯狂追捧的原色黑客。

　　但到了今天，黑客一词已被用于泛指那些专门利用电脑网络搞破坏或恶作剧的家伙。对这些人的正确英文叫法是 Cracker，有人翻译成"骇客"。也正是这些人的出现玷污了"黑客"一词，使人们把黑客和骇客混为一体。根据开放原码计划创始人 Eric Raymond 的解释，Hacker 与 Cracker 是分属两个不同世界的族群，基本差异在于，Hacker 是有建设性的，而 Cracker 则专门搞破坏。

　　下文的黑客概念为 Cracker，是指利用系统安全漏洞对网络进行攻击破坏、窃取资料或搞恶作剧的人。

　　黑客行为的最显著特征是未经同意进入他人电脑的数据库与操作系统。在互联网上，存在很多设定了密码、指令等访问权限的区域，这些区域

[①] 黄鑫说，他编写冰河完全是靠自己的兴趣和网友的鼓励，最初只是想编写一个方便自己的远程控制软件，不曾想竟然编成了一个中国流传使用最广泛的黑客软件。

中，往往包含了军事、商业等各种机密以及个人隐私。黑客则以打破常规、挑战约束为追求，力图突破或绕过设定的关卡，进入限制区域。据统计，当今世界平均每20秒钟就有一起黑客事件发生。黑客已形成一个广泛的社会群体，在西方有合法的黑客组织、黑客学会，网上"黑客之家""黑客俱乐部"之类的虚拟社区比比皆是。他们致力于软件的开发、完善及共享，并积极为初学者提供学习、交流的机会。随着网络用户的日益增多，黑客行为的影响范围更广，影响强度更大。

我国当前绝大多数网络攻击破坏活动的动机是"以黑牟利，以利养黑"，且分工细化，体系庞大，已形成黑色、灰色利益链条，导致地下市场活跃，黑色产业兴起，黑客成为网络黑社会的雇佣兵和急先锋，沦为各种犯罪集团的打手和帮凶。

2. 大学生黑客认知及其心理因素

我国黑客的主要群体是18～30岁的年轻人，大多是男性，不过现在有很多女生也加入到这个行列。他们大多是在校的学生，因为他们有着很强的计算机爱好和时间，好奇心强、精力旺盛。还有一些黑客有自己的事业或工作，大致分为程序员、资深安全员、安全研究员、职业间谍、安全顾问等。

图5-2在一定程度上反映了大学生对黑客的态度以及对黑客行为危害认识的不足。那么，大学生为什么如此崇拜并想模仿黑客呢？考察大学生黑客心理和行为可以发现，其产生有其一定的社会历史和心理原因。大学生普遍认同技术中性观念，无所谓善恶，黑客技术也是一样。事实上，无价值负荷技术如何使用亦有善恶之分。

图5-2 大学生想过当一回黑客的比例

第一，认识局限。信息技术发展历史表明，一大批信息领域的佼佼者都曾有过黑客经历，甚至有的就因为这段经历而大放异彩，为社会所关注。

在他们心中，黑客不仅是值得去一生相随的爱好，更是一种境界，一种精神，一种信仰，一个信念。"大学生们由于崇尚知识，敬佩有技术的人，并且希望自己也成为有技术的人，于是他们对技术运用上的非法行为认识不足。在他们的眼里，这是纯技术的问题，而忘却了道德的底线，在不知不觉中就触犯了法律却懵懂不知"[①]。

第二，攻击本能。从黑客的行为表现来看，无论黑客是出于好心还是恶意，他们的一个显著特点就是"攻击"。精神分析理论认为，攻击性是人的本能欲望，在现实社会中这种攻击的表现可能是犯罪，当计算机成为黑客的防身面具，而针对网络行为的立法又相对薄弱或滞后时，网络和计算机便成为黑客用来发泄他们攻击本能的工具。大学生正处于性格成形时期，其反社会的叛逆性相对比较明显，他们的攻击欲望更强，对现实禁忌的压抑感更重，计算机网络成为他们释放攻击本能的绝好途径。

第三，社会叛逆。大学生心理普遍存在着叛逆、反传统、反权威和渴望新秩序的特点，因此在现实社会中往往受到道德、法律和长辈的约束。但一旦连接互联网，按动键盘，这一传统就会被打破：长辈不再具有监督、控制他们的能力；网络中还不够成熟的道德观念体系，尚未形成的道德控制机制对他们无法形成约束力；加上他们掌握着最新的技术，因此在网络上更有发言权。当他们对社会中的某些人、某些观念、某些现象不能认同时，他们可能就会用攻击性的黑客行为来表达不满。

第四，压抑发泄。在散布计算机病毒的黑客群体中，很多是以发泄为目的的。大学生由于人生观和世界观的不成熟，对未来人生的不确定，对社会现实的恐惧，再加上难以承受学校和家长给予的期望压力，相当一部分大学生或多或少有一定程度心理障碍。大学生黑客对计算机有着浓厚的兴趣，常沉迷其中，缺乏人际沟通，加之智力突出，成为异类，容易与人产生冲突，这些苦恼和郁闷促使他们不断研制病毒来发泄不满，或对他人进行报复，有些更是想通过极端手段让世界知道他们的存在。"我们经过漫长的 10 年寒窗，循规蹈矩的做人，终于发现自己可以在黑夜来临的时候成

---

① 李振汕. 黑客文化环境中的大学生行为心理探析[J]. 网络安全技术与应用，2008(6).

为这个虚拟世界的无冕之王：这里存在捷径和魔法，可以跨越国界、种族、文化，可以完全成为自己的主人。黑客，对于我们来说，只是来自黑夜的不速之客，仅仅是客人而已，是无须敲门、会随时不请自来的客人"。

第五，炫耀才华。争强好胜、好奇冒险、征服挑战是年轻的大学生特有的心理特征。黑客都有很高的智商，他们常常向自己的智力挑战，当一次次挑战成功后，在黑客中的地位也会提高，成为高级黑客。有黑客自述：成功地攻击别人的计算机后，虽然并不做什么事情，但能带来快感。大学生黑客的不断钻研挑战，促使网络技术不断发展与完善，同时也满足了大学生自身对使用黑客技术所带来的成功喜悦的高级体验需要，这一点与马斯洛的需要层次理论是吻合的。当然，价值观较强的大学生黑客为展示其才华，满足成就感，也常常会开些小"玩笑"。比如，他们利用别人网络安全防御系统的漏洞，闯入别人计算机系统，留下"某某到此一游"的字样，然后再大摆大摇地潇洒离开。

第六，势利贪财。随着计算机网络技术的不断进步，作为网络消费最高形式的电子商务也蓬勃发展起来。网络消费低廉的成本、打破时空限制的营销模式，吸引了个别大学生黑客，利益的驱动膨胀了他们的私欲。在媒体上曾有过这样的报道，个别大学生黑客侵入网络系统正是因为势利贪财，这种情形常发生在与金融、财务有关的计算机网络信息系统。他们利用网络技术盗取别人的银行账号或者进行金融诈骗，从事经济犯罪活动，个别大学生黑客侵犯别人知识产权或窃取网络加密信息资源，通常也与获取经济利益相关联。尽管这是个别现象，我们也应当引起高度的重视。

目前大学生黑客行为主要集中表现为四种形式：一是盗取玩家信息倒卖赚钱。从手法上看，最普遍的一种是盗号，包括盗取 QQ、网络游戏账号等，主要针对网上用户，黑客通过在网络玩家的电脑上植入木马程序获取玩家的账号和密码，进而倒卖玩家的游戏币、装备等虚拟财产获利。这是目前黑客犯罪中最成熟的一种方式。二是集中攻击网站收"保护费"。相对网上盗号，网络攻击更具破坏性。如今，网上就有专门的黑客组织，为网络攻击提供收费服务。一些比较大的私服每个月都会花大量资金来"黑"

对手，方式一般为，花钱雇佣数万台甚至几十万台"肉鸡"发送巨量数据集中攻击对手，让对手的服务器瘫痪，1G 的流量打 1 个小时约 4～5 万元。目前，有些黑客利用手中的网络攻击资源，明目张胆地向私服开办者收取"保护费"，一旦不从，黑客们会立即利用直接掌控的"肉鸡"资源进行攻击，海量信息瞬间涌入，迅速使这家网站瘫痪。三是入侵正规网站篡改信息。黑客利用技术手段，盗取他人、企业、组织、团体、机构或单位服务器上的存储信息，转卖牟利。比如，黑客进入各类考试公示网站的后台数据库，修改考生分数。现在各种考试繁多，凡是有正规网站或官方网站可查考生信息的，黑客想方设法进入后台数据库，修改考生分数，或者把没参加考试的，修改为参加了考试。当然，黑客会跟考生谈，改及格一次要收 3000 元或 5000 元甚至更高。据国家互联网应急中心监测，2010 年中国大陆有近 3.5 万个网站被黑客篡改，数量较 2009 年下降 21.5%，但其中被篡改的政府网站高达 4635 个，比 2009 年上升 67.6%。约 60% 的部委级网站存在不同程度的安全隐患。四是网络钓鱼(Fishing)。攻击者利用欺骗性的电子邮件和伪造的 Web 站点来进行网络诈骗活动，受骗者往往会泄露自己的私人资料，如信用卡账号、银行卡账户、身份证号等内容。诈骗者通常会将自己伪装成网络银行、在线零售商和信用卡公司等可信的品牌，骗取用户的私人信息。大型电子商务、金融机构、第三方在线支付网站成为网络钓鱼的主要对象，黑客仿冒上述网站或伪造购物网站诱使用户登录和交易，窃取用户账号密码，给用户造成经济损失。

就目前情况看，黑客大多年龄低，随着黑客技术不断提高，个人财富也在增长，精神和物质同时得到满足，使得大学生黑客的人生观、价值观极易扭曲，严重影响了他们的健康成长，为社会留下不稳定因素。

3. 黑客的危害

2011 年 2 月 22 日，央视曝光黑客利益链：个人容易获得黑客攻击软件。节目报道：2010 年 5 月至 8 月间，鄂州警方围绕黑客软件的来源顺线追踪，远赴山东找到了提供黑客软件下载的黑客网站经营者卢某。卢某今年 29 岁，一年前他看到不少黑客网站生意不错，于是就联系到一些所谓网络高手编写软件及教程，开办起了一家黑客网站，短短半年时间就吸纳会员 4 万多人。据他交待，最初吸引人的就是入侵网站、盗号、控制别人电脑等技术。记者试着找到了一家黑客网站，简单注册以后，真就很容易地获取了一段教程和一个黑客软件，记者根据教程很快生成了一个木马，然后植入事先准备好的一台电脑，目标电脑马上受到了控制。这样通过远程控制软件，不仅可以控制电脑的屏幕、键盘的操作，还可以拷贝、修改数据等。

报道称，有人利用黑客软件，入侵控制电脑后，盗取账户密码，冒充主人进行诈骗。而像这类黑客软件大部分都来自黑客网站。记者通过搜索，半小时内搜出黑客网站近千家，名字也很直白，黑客基地、黑客防线、黑客武林等。黑客网站里大多包含"远程""捉鸡""盗号""压力测试"等软件下载。专家介绍，这些软件大部分是用来捕获肉鸡的。据国家计算机病毒应急处理中心统计，2007年，我国接入互联网的计算机被植入木马程序的达 91.47%，换句话说，我国每 10 台接入互联网的计算机中，有 8 台曾经受到黑客控制，而被控制的电脑，通常就被称为肉鸡。黑客捕获肉鸡后，除了对肉鸡及肉鸡主人进行直接侵害，还会将手上的肉鸡多次卖出。许多黑客网站上，都有买卖肉鸡的广告，一只肉鸡也就一毛钱左右。当收集的肉鸡到达一定数量，就会被组成僵尸网络，发动 DDOS 攻击，从而使电脑或服务器无法为用户提供正常服务。

国家互联网应急中心(CNCERT)2019 年发布的《2018 年我国互联网网络安全态势综述》指出：2018 年勒索软件攻击事件频发，变种数量不断攀升，给个人用户和企业用户带来严重损失。2018 年，CNCERT 捕获勒索软件近14 万个，全年总体呈现增长趋势，特别在下半年，伴随"勒索软件即服务"产业的兴起，活跃勒索软件数量呈现快速增长势头，且更新频率和威胁广度都大幅度增加。例如，勒索软件 GandCrab 全年出现了约 19 个版本，一直快速更新迭代。勒索软件传播手段多样，利用影响范围广的漏洞进行快速传播是当前主要方式之一……2018 年，重要行业关键信息基础设施逐渐成为勒索软件的重点攻击目标，其中，政府、医疗、教育、研究机构、制造业等是受到勒索软件攻击较严重行业。

黑客在虚拟世界中横行，助长网络犯罪。看似虚拟的网络黑手，让人们付出的却是真实的代价。湖南籍大学生曹某毕业后即失业，于是当起了网络"黑客"，伙同他人在网上从事所谓的"危机公关"业务。从

2010 年年底到 2011 年年底，他与重庆籍大学生吕某某先后对国内多个大型知名网站、搜索网站、论坛实施入侵，共计删除帖子 700 多条，获利 140 多万元。

5.3.3　网络暴力

英国最著名的独立记者、大众心理学家乔恩·罗森(Jon Ronson)用了 3 年的时间，周游世界拜访了多起羞辱和人肉事件的受害者，写就《千夫所指：社交网络时代的道德制裁》一书。书中的被羞辱者其实本质上和我们类似，只不过因为在公众场合或者社交媒体上发表了一些错误的言论就招致了毁灭性的羞辱和人肉。公众的羞辱如同一阵飓风，不仅影响了他们的生活，还波及了他们生活半径内的其他人，他们被羞辱、嘲笑、妖魔化，他们无力申辩。

1. 网络暴力的含义和特征

网络暴力是指网民借助网络技术工具，以道德的名义对当事人甚至亲友施与言语攻击、形象恶搞、隐私披露等，使当事人的名誉、隐私等人格权益受损的网络失范行为。

从具体形态上看，它主要呈现以下特征：

① 主体的不确定性。基于开放性、匿名性等特性，网络空间往往集聚着非组织化、陌生化的群体。因此，在多主体参与的网络暴力事件中，一般很难确定具体行为主体。

② 过程的易操作性。随着"复制""粘贴""剪切""删减"等网络信息编辑技术的快速发展，任何掌握网络技术的行为主体都可以通过文字、图像、声音、视频等数字化形式实施网络暴力。

③ 后果的实在性和难控性。网络暴力以人格权益为行为客体，其后果都具有一定的人身依附性，并往往导致非虚拟性的后果。同时，由于网络交往的交互性和即时性等特点，网络信息传播极具流动性、扩散性，其影响范围一般难以被人们所掌控[①]。

网络暴力不同于现实暴力，也不等同于网络舆论监督。一方面，网

---

① 姜方炳．"网络暴力"：概念、根源及其应对[J]．浙江学刊，2011(6)．

络暴力虽然与现实暴力都具有强制性的特征，如迫使当事人自我反思、有所改进等。但是前者主要表现为通过道德谴责、侮辱谩骂、侵犯隐私、娱乐恶搞等方式给当事人制造心理压力，而非赤裸裸的流血冲突的现实暴力。它的传播速度更快、影响范围更广、持续时间更短。另一方面，网络暴力也不等同于网络舆论监督。后者是网民言论自由、政治民主的充分体现，是保障自身利益、维护社会公平正义的表现。例如，2015年青岛发生"青岛天价大虾"事件，网民通过网络将这一事件发布到网上，促使相关部门及时妥善解决，不仅维护了自身权益，也反映了政府部门对社情民意的关注，体现了社会公平正义的实现。网络暴力在很大程度上是网民非理性情绪的表达，违背了网络规范，是通过传播谣言、侵犯隐私、现实攻击等"恶"的方式达到"善"的结果的非正义、不恰当的行为。因此可以说，网络暴力是网络舆论暴力，而非网络舆论监督。

深入理解网络暴力还应明确其基本特征。首先，网络暴力具有伪善性。网民往往站在道德的制高点对当事人进行正义谴责，而较少全面客观地考察该事件，同时又以不道德的方式攻击当事人，因而具有明显的伪善性。其次，网络暴力具有群体性，是一种群体极化行为。互联网时代网民更易就关注话题发表意见，然而其重点不在于讨论交流，而是谈论既定倾向里的已有想法，在听到更多志同道合的意见后，沉默的少数人也随波逐流逐渐加入到多数人的阵营中去，由此在网络上形成极端的观点，继而采取极端的行为。再次，网络暴力具有强制性。它通过给当事人制造心理压力，迫使当事人必须反思自身行为，以省察改过。最后，在移动互联网时代，网络暴力的参与平台更加多样化，不再局限于天涯、猫扑等社交论坛，而是与时俱进渗透到微博、微信、微视频、移动客户端等多样化的网络平台中，增强了信息传播的集中性与迅速性，加剧了网络暴力事件发生的几率[①]。

网络暴力行为包括：频繁给当事人发送对其有害的信息和邮件；捏造和散布针对当事人的谣言；未经当事人许可发布令他人难堪的照片和视频；欺骗和引诱他人暴露当事人的高度私密信息；在网上冒充他人，破坏当事人的名誉；威胁和恐吓当事人及其亲友等等。

---

① 安丽梅. 从网络暴力谈网民道德培育[J]. 思想政治教育，2016(2).

2. 网络暴力典型形态：人肉搜索

人肉搜索是一种以互联网为媒介，部分基于人工方式对搜索引擎所提供信息逐个辨别真伪，部分基于通过匿名知情人提供数据的方式去搜集关于特定的人或者事的信息，以查找人物身份或者事件真相的群众运动。网民形象地将狭义的人肉搜索比喻为"一只老虎，N 个武松"。

人肉搜索起源于猫扑网，最初只是猫扑用户之间一种自娱自乐的方式。同其他论坛一样，猫扑网上也有用户提出各种各样的问题，并用 MP 币奖励帮助回答的人，虽然 MP 币没有实际作用，但却是身份等级的象征，很多人醉心于通过赚取 MP 币彰显自己的地位和能力，这种人叫作"赏金猎人"。于是，当有人提出问题并许诺以一定的 MP 币作为赏金时，"赏金猎人"就会争先恐后的寻找答案，以邀功领赏。最后，提问的人得到了答案，"赏金猎人"得到 MP 币，各取所需，皆大欢喜。这就是人肉搜索的最初运行机制。实质上，"赏金猎人"得到的不是金钱利益，而更多的是得到一种自我实现的心理满足。人肉搜索的内在动因，有时候就是为了自我实现，体现一种自我价值、社会价值和奉献精神。

人肉搜索的流程为：一些非常规的事件或人物引发"人肉搜索令"的发布，紧接着网民纷纷跟进，想方设法提供有价值的线索，从而最终锁定被追踪者；人肉搜索的起因大多数是具有普遍社会关注度的人物或事件；人肉搜索的影响并不只是局限于网络，还会对现实产生作用，而且影响力日益增强。

人肉搜索的发动和参与者通常是网络上的"愤青"，他们看见令人愤怒、生气的事就会头脑发热，打抱不平。人肉搜索进入公众视野的代表事件是"虐猫事件"和"铜须门事件"。

2006 年 2 月 28 日，网民"碎玻璃渣子"在网上公布了一组虐猫视频截图。不久，网民"12ookie_hz"把有关"踩猫"事件的网址放在猫扑网。网民"黑暗执政官"在"天涯社区"上用踩猫女人的照片做成一张"宇宙通缉令"，让天下网民举报。不少网民自愿捐出猫币、人民币悬赏捉拿凶手。猫扑网官方也将赏金从 1000 元涨到 5000 元。2006 年 3 月 2 日上午 10 点 20 分，网民"我不是沙漠天使"在猫扑上发帖："这个女人是在黑龙江的一个小城……"他的帖子让事件出现关键性转变。3 月 4 日中午 12 点，基本确定虐猫事件的 3 个"嫌疑人"。3 个嫌疑人的姓名、年龄、照片、工作单位、电话、手机、邮箱、QQ 号，甚至身份证号、车牌号被一一公布到网上。政府部门也被惊动，虐猫女子和摄像男子因此失去工作，被迫发表一封公开道歉信。对此，《洛杉矶时报》称，中国网民"跳入网络空间去扮演法官和陪审团的双重角色"。

2006 年 4 月 13 日，网民"锋刃透骨寒"在网上发帖自曝，其结婚六年的妻子，由于玩魔兽世界并加入了麦服联盟"守望者"公会，和公会会长"铜须"在虚拟世界里长期相处产生感情，并发生一夜情的出轨行为。悲情丈夫的帖子引来网友同情和对"第三者"的声讨，他们利用网络工具，搜寻铜须现实生活中的资料。此帖在猫扑网、天涯社区等引起强烈反响，网友纷纷跟帖声讨铜须。数百人在未经事实验证的前提下，轻率地加入网络攻击的战团，其中有人建言"以键盘为武器砍下奸夫的头，献给那位丈夫做祭品"，4 月 17 日，《魔兽世界丑闻男主角铜须资料照片全曝光》将铜须的资料集中公布。之后，天涯网站也贴出《江湖追杀令》，发布铜须的照片和视频，"呼吁广大机关、企业、公司、学校、医院、商场、公路、铁路、机场、中介、物流、认证，对 XX 及其同伴甚至所在大学进行抵制。不招聘、不录用、不接纳、不认可、不承认、不理睬、不合作。在他做出彻底的、令大众可信的悔改行为之前，不能对他表示认同。"魔兽世界的虚拟审判也在浩浩荡荡地进行：2 区麦维影歌服务器出现了大批 1 级的小号联盟，他们在短短的几个小时内，组建了几百人的公会"守望慰问团"，在虚拟世界中以静坐、游行、谩骂、自杀等形式集体声讨公会会长铜须。

"铜须事件"引发海外媒体的严重关切。《泰晤士报》《纽约时报》《国际先驱论坛报》和《南德意志报》等欧美报纸相继刊发报道，质疑中国网民的做法是对个人权利(隐私权、情感和生活方式选择权等)的严重侵犯。英国《泰晤士报》指出："人肉搜索是一个强大的概念，现在中国的网络已被作为惩罚婚外情、家庭暴力和道德犯罪的一种强调工具。"《国际先驱论坛报》以《以键盘为武器的中国暴民》为题，激烈抨击中国网民的"暴民现象"。

2007 年 8 月 13 日《人民日报》发表文章《网络舆论暴力来势凶猛，

如何向它说不》，认为"网络舆论暴力"有 3 大特征：

① 以道德的名义，恶意制裁、审判当事人并谋求网络问题的现实解决；

② 通过网络追查并公布传播当事人的个人信息(隐私)，煽动和纠集人群以暴力语言进行群体围攻；

③ 在现实生活中使当事人遭到严重伤害并对现实产生实质性的威胁。

随后，人肉搜索受到一片质疑、批评。

2008 年 10 月初，林明在某知名网站发帖，谎称女友忘恩负义，发动网友进行人肉搜索。短短几天后，女友的学校、家庭住址、照片、手机号、QQ 号甚至寝室号等个人资料均被"热心"网友曝光于网上，林明便顺利找到了女友并将其杀害。为此，网民在评价人肉搜索时指出"如果你爱他，把他放到人肉搜索引擎上去，你很快就会知道他的一切；如果你恨他，把他放到人肉搜索引擎上去，因为那里是地狱……"它把网络搅得天翻地覆，同时也让网友人心惶惶。面对鲜活生命的逝去，许多"热心"于人肉搜索的网民陷入深深的自责和忏悔，人肉搜索开始冷却并有回归理性的迹象。

人肉搜索的力量是强大的，特别是在当前互联网和大数据越来越发达的情况下更是如此。据公开数据，到 2010 年 QQ 群已经超过 5000 万个，开心网的注册用户数已经达到 8000 万个，人人网(原校内网)注册用户更是达到了 1.2 亿；截至 2018 年 3 月，微信月活跃用户量超 10 亿，微信公众号超过 2100 万个，微博月活跃用户规模达 4.41 亿；网络直播用户规模超过 4 亿，国内有 100 多个短视频独立客户端，月活跃用户达 4.61 亿，网民渗透率达 42.1%。这样庞大的用户群和生成数据不仅为相互联络提供了便利，同样为人肉搜索提供了强大的互联网技术条件和广泛用户支持。我们谁也不能保证认识自己的人没有一个会上网的，假如正好网上有人对你发起人肉搜索，很有可能认识你的人会将你的相关信息在网上公布。

3. 网络暴力的危害

(1) 网络暴力对当事人的影响。

第一，侵犯当事人的名誉权和隐私权。网络暴力一旦发生，施暴者通常在网络空间侮辱谩骂当事人，甚至对当事人进行"人肉搜索"，获取并公开隐私信息。"铜须门事件"中锋刃透骨寒在原帖中留下了足够的线索和关键词，比如"燕山大学""守望者公会会长"，再加上铜须的 QQ 号，很快就有网络"狗仔队"查出铜须的真实身份，其所在的守望者公会也被卷进风暴的旋涡，公会高层的 TS(一种聊天工具)语音聊天也被偷录剪辑，随即放到网上，网络冲突加剧。

第二，在网络空间对当事人谩骂讨伐。施暴者打着道德和正义的旗号，在网络空间对当事人进行没有底线的谩骂讨伐，实施虚拟审判。例如，"铜须门事件"中，魔兽世界玩家们自发在麦维影歌服务器建立小号，去主城自杀，小号所取的 ID 带有对幽月儿和铜须满满的恶意，在虚拟世界中以静坐、游行、谩骂、自杀等形式集体声讨公会会长铜须。只要铜须出现在游戏中，保证是一具"死尸"。最终，暴雪联合九城，将两人的游戏 ID 封杀，才彻底平息了这一事件。

第三，道德审判从网络延伸到现实空间。随着事态的激化，施暴者通常将网络空间的愤怒情绪、道德审判延伸到现实空间，干扰当事人甚至亲友的现实生活。网络暴力参与者们对当事人进行电话辱骂，到当事人工作地点闹事甚至殴打当事人，严重危害当事人的人身安全，使个体权利受到严重侵害。"铜须门事件"中对当事人的道德义愤成为网络舆论的主流，有人在网上发出"江湖追杀令"，2006 年 4 月 18 日，百度的"铜须吧"贴出一个"召集帖"《暗杀铜须动员组，想杀此人者进》，甚至有人自告奋勇要当武松，去上门追杀铜须。郑某无奈休学一段时间，"燕山大学"声誉受到影响。"我也希望媒体记者朋友也不要往我家里、朋友那里打电话啦，或者有其他想法的人，今天我们家里接了一个电话，是要钱的，是敲诈。"郑某在《大家看法》演播室的连线中如是说。前文提及的女大学生被杀事件即是以鲜活生命的逝去为代价。

第四，当事人心身受到极大伤害。网络空间隐私被公之于众，无底线的凌辱、欺凌困扰着你，你却不知他们是谁？身处何处？为了什么？当事人陷入空前的抑郁、焦虑与无助，身心受到极大伤害。"铜须门事件"中的郑某很长一段时间被父母管着不能上网，家人对周遭充满了敌意。郑父说："没有一个人对我来说是善意的。"2009 年，以"铜须门事件"为背景改编的电影《无形杀》上映。

(2) 网络暴力对参与者的影响。

第一，助长参与者泄愤和欺凌心理。网络暴力事件自始至终，参与者不仅充当着幸灾乐祸的看客，更乐于通过对当事人的欺凌来宣泄内心的愤怒情绪，并相互激发，极化事态。每天扑面而来的"人肉"信息，给了参与者进一步"人肉"的动力。泄愤和欺凌心理在搜索中强化，从而推动事件升级。

第二，弱化参与者道德和法制观念。网络虚拟世界，法律监管不到位，道德约束力几乎为零，各种暴力侵蚀着网络。使用匿名在网络上胡说八道，说不堪入目的话。"铜须门事件"中，记者联系到一位在网上尖刻谴责铜须的网民 Gfmyy，当问到他是否担心被诉侵权和诽谤时，Gfmyy 回答说："关我屁事啊……我又没去偷他什么，我怕什么啊！起诉？你×××吓我啊？我吓大的！"大多数参与者丝毫没有认识到网络暴力在现实社会中的危害性，道德法制观念弱化，责任感严重弱化。

(3) 网络暴力对社会生态的破坏。

第一，"以暴制暴""以恶制恶"的非文明生态。网络暴力事件，参与者往往假借道义和正义之名，行"以暴制暴""以恶制恶"之实。一般而言，自制力较弱的大学生一旦沉浸于"以暴制暴""以恶制恶"的网络空间，很容易在解决问题时诉诸"暴力"手段，滋生出很多社会不安全的因素。在网络中，他们所接触的是无尽的谩骂、谴责，久而久之，他们不再痛恨网络暴力，而是产生一种在发表自己的观点后的"酣畅淋漓"的快感，对暴力的态度也从开始的憎恶、反感到默认和接纳，甚至将其转化为现实暴力。

第二，社会的核心价值观扭曲。参与者网络暴力的出发点可能是善意的，本意是为了维护正义，想要谴责社会中的不道德行为，但随着事件不断被好事者发酵，其行为却逐渐背离原本的出发点，制造出一种新的暴力来审判、制裁当事人，将现实中社会道德准则忘的干干净净。参与者借机宣泄自己在生活中的压力和负面情绪，并未对网络暴力事件的原貌进行了解和思考，这种对他人道德要求高而模糊自身道德标准的行为会腐蚀社会的道德标准，导致社会的核心价值观扭曲。

第三，群体极化扰乱社会秩序。"群体极化"这一概念最初由传媒学者詹姆斯·斯托纳在 1961 年提出，它是指在某一群体内部进行讨论时，如果群体内部的成员最初的态度和意见表达倾向于保守，那么经过群体的讨论后，决策会变得更加保守；而如果一开始时的意见比较激进、较为冒险的话，群体决策时会变得更极端。"铜须门事件"中，对事件表示怀疑甚至只是中立的言论都遭到网友们潮水般的攻击，其中很大一部分已经上升为赤裸裸的人身攻击。情绪化的言论和不理智的行为势必对普通网民产生潜移默化的影响，而情绪化状态的人往往是不冷静和不理智的，容易做出极端、危害社会的举动。

5.3.4 制作、传播计算机病毒

黑客往往与计算机病毒息息相关。《中华人民共和国计算机信息系统安全保护条例》中明确定义计算机病毒为"编制者在计算机程序中插入的破坏计算机功能或者破坏数据，影响计算机使用并且能够自我复制的一组计算机指令或者程序代码"。而通常定义为：利用计算机软件与硬件的缺陷，由被感染机内部发出的破坏计算机数据并影响计算机正常工作的一组指令集或程序代码。

1988 年发生的无数重大事件对于互联网来讲都不如一只小蠕虫更让人难忘。11 月 2 日傍晚，康奈尔大学研究生罗伯特·莫里斯向互联网上传了一个"蠕虫"程序，他的本意是要检验网络的安全状况。然而，由于程序中一个小小的错误，使"蠕虫"的运行失去了控制，上网后 12 个小时这只"蠕虫"迅速感染了 6200 多个系统。在被感染的电脑里，"蠕虫"高速自我复制，高速挤占电脑系统里的硬盘空间和内存空间，最终导致其不堪重负而瘫痪。由于它占用了大量的系统资源，实际上使网络陷入瘫痪。大量的数据和资料毁于一旦，直接经济损失近 1 亿美元。

蠕虫本是一种体积很小，繁殖很快，但爬行起来非常缓慢的小虫。用它的名字命名这种病毒，就是说它可让染有这种病毒的计算机运行起来像蠕虫那样缓慢。

首批被感染的机器包括 MIT 人工智能实验室、加州大学伯克利分校、加州的兰德公司。到第二个星期三晚上，加州大学伯克利分校和麻省理工学院的研究人员已经"捕获"了蠕虫程序的拷贝，并开始对它进行分析。同时，其他地方的研究人员也开始研究该程序并正想法来根除蠕虫病毒。莫里斯自己也试图杀死病毒。他释放病毒后几个小时内，就察觉到事情非

常不对劲，要他在哈佛的一个朋友赶快把解决方法发到 BBS 上。可惜的是，拥有那个 BBS 的系统是最早当机的，因此，没人能及时看到它。

罗伯特·莫里斯最后被捕了，并被联邦法院起诉。1990 年 5 月 5 日，纽约州地方法院判处莫里斯 3 年缓刑、1 万美元罚金以及 400 个小时的社区义务服务。

当被问及为什么要散播蠕虫程序时，莫里斯说他只是想算算看互联网上到底连接了多少台计算机(私有网络的设计，使其能够对网络中的确切用户数量进行跟踪和统计，而互联网则没有此机制)。经分析，莫里斯所写的这个程序的确符合他的上述解释，然而，他的代码被证明是存在缺陷的。如果莫里斯的代码编写正确的话，那么该程序根本就不会拖慢被它感染的计算机的速度，因此也不会被察觉。这样，该程序就能在机器中存留长达数天或数月，悄无声息地执行大量的活动，而不仅仅是向莫里斯指定的"基地"发送"当前数量多少""占总数量的多少"一类的信息来帮助莫里斯清点网络上计算机的数量。

著名的"蠕虫"病毒最终也导致美国总统里根签署了《计算机安全法令》。

"熊猫烧香"是 2007 年十大病毒之一。"熊猫烧香"由 25 岁的中国湖北武汉人李俊编写，它主要通过下载的文档传染，对计算机程序、系统破坏严重。2004 年中专毕业后，李俊曾多次上北京、下广州找 IT 方面的工作，尤其钟情于网络安全公司，但均未成功。为了发泄不满，同时抱着赚钱的目的，李俊开始编写病毒，2003 年曾编写过"武汉男生"病毒，2005 年编写了"武汉男生 2005"病毒及"QQ 尾巴"病毒。李俊于 2006 年 10 月 16 日编写了"熊猫烧香"。这是一种超强病毒，感染病毒的电脑会在硬盘的所有网页文件上附加病毒。如果被感染的是网站编辑电脑，通过中毒网页病毒就可能附身在网站所有网页上，访问中毒网站时网民的计算机就会感染病毒。"熊猫烧香"感染过天涯社区等门户网站。"熊猫烧香"除了带有病毒的所有特性外，还具有强烈的商业目的：可以暗中盗取用户游戏账号、QQ 账号，以供出售牟利；还可以控制受感染电脑，将其变为"网络僵尸"，暗中访问一些按访问流量付费的网站，从而获利；部分变种病毒中还含有盗号木马。李俊以自己出售和由他人代卖的方式，每次要价 3000 元，将该病毒销售给他人，非法获利 10 万余元。

我国《刑法》规定，故意制作、传播计算机病毒等破坏性程序，影响计算机系统正常运行，后果严重的行为，属破坏计算机信息系统罪。"熊猫烧香"病毒的制造者是典型的故意制作、传播计算机病毒等破坏性程序，影响计算机系统正常运行，后果特别严重。李俊最后被判处有期徒刑四年。

《CNCERT 互联网安全威胁报告》(2019 年 5 月)数据显示：2019 年 5 月，境内近 40 万个 IP 地址对应的主机被木马或僵尸程序控制，按地区分布感染数量排名前三位的分别是广东省、北京市、江苏省。移动互联网恶意程序方面，2019 年 5 月，境内感染网络病毒的终端数为 61 万余个。其中，境内近 40 万个 IP 地址对应的主机被木马或僵尸程序控制。对目前流行的信息窃取类、恶意扣费类和敲诈勒索类典型移动恶意程序进行分析，发现敲诈勒索类恶意程序样本 1546 个，恶意扣费类恶意程序样本 479 个，信息窃取类恶意程序样本 329 个。

我国刑法第二百八十六条规定，以下三种行为属破坏计算机信息系统罪：一是对计算机信息系统功能进行删除、修改、增加、干扰，造成计算机信息系统不能正常运行的行为；二是对计算机信息系统中存储、处理或者传输的数据和应用程序进行删除、修改、增加的行为；三是故意制作、传播计算机病毒等破坏性程序的行为。

5.4　拓展阅读

劳 伦 斯 · 莱 斯 格 的 网 络 规 制 理 论

劳伦斯·莱斯格(Lawrence Lessig)是美国当代著名的宪法、知识产权法教授。他被誉为"全球最负盛名的网络法律专家""互联网时代最重要的知识产权思想家""互联网时代的守护神""对互联网最具影响的 25 人之一"。

1999 年，劳伦斯·莱斯格的《代码：网络空间中的法律》问世。莱斯格指出，现实生活中，假如一个生灵(你和我)就是一个圆点，那么这个圆点就会受到法律、社会规范(准则)、市场和架构四个方面的约束(规制)。

莱斯格认为，与现实空间一样，网络空间也为这四种方式所规制，"法律、准则、市场和架构相互作用，营造出'网民'(Netizens)们所熟悉的环境。"

所谓可规制性，是指一个政府在其正当的职权范围内对行为的规制能力。对于因特网而言，是指政府规制其国民(或许还有其他人)的网络行为能力。莱斯格认为，代码的存在证明网络并不是本质上不可规制的，代码可以创造出一个自由的世界(正如因特网的原始架构所创造的)，也可以创造出一个充满沉重压迫和控制的世界(尤其是那些出于电子商业目的而旨在将网络商业化的代码)。人们将互联网划分为物理层、代码层、内容层。物理层处于最底层，为信息传递的载体，包括联网的计算机、网线等；代码层为互联网的应用层，包括互联网协议，如文件传输协议等，以及在此基础上运行的软件，如操作系统等；内容层位于最顶层，即所传输的文本、数字图像、音乐和电影等。这一分层模式以网络代码为核心，因此代码是网络空间的法律，代码是网络规制未来的发展方向。

问题是，代码一旦成为规制网络空间的工具，商业机构和政府就可能因此控制网络而给网络社会和网民的自由带来威胁，"这一代码不仅为自由主义或自由意志的理想呈现出最大的希望，也为其带来了最大的威胁。我们可以建造，或构筑，或编制网络空间使之保护我们最基本的价值理念，我们也可以建造，或构筑，或编制网络空间使这些价值理念丧失殆尽。这里没有中间立场"。商业机构和政府就控制网络可能给网络世界带来至少两个严重后果：一是人类的一些基本价值，如言论、自治、准入或隐私等无法保障。代码的使用可能意味着，曾经由法律保护的公共的善和道德价值现在将被开发或使用代码的人忽视或损害，而且存在一种危险，即政府将亲自管理网络的架构，从而增强了监视或监督所有网络互动行为的能力。二是早期因特网所特有的创作与创新的能力将丧失。因此，在因特网环境下，保护这种环境，就意味着保护自由资源与受控资源间的平衡。对恣意的规制权，我们在网络空间设计中必须嵌入对它的约束，形成制衡，以确保某一规制者或某一政府的权力不至过大。这样，网络规制平衡框架如图5-3所示。

图 5-3　网络规制平衡框架

　　莱斯格网络规制平衡框架理论不仅证明了网络空间如现实空间一样具有可规制性的一面，而且深刻地揭示了网络环境规制的内在矛盾：自由和控制如何平衡。接下来要追问的是：代码该如何被规制？谁是代码作者？谁控制代码作者？——这些是网络时代实践正义必须关注的问题，也是保持平衡的关键所在。

（根据劳伦斯·莱斯格《代码》《代码 2.0》编辑整理）

第**6**章

专 业 伦 理

如果不谈所谓自由意志、人的责任能力、必然和自由的关系等问题，就不能很好地讨论道德和法律的问题。

——弗里德里希·恩格斯

6.1 互联网在中国

在距杭州、苏州 60 公里的浙江省嘉兴市桐乡，有一个叫乌镇的美丽水乡小镇，2012 年就实现了 WiFi 全覆盖。从 2014 年起，每年在这里举办世界性互联网盛会——世界互联网大会，旨在搭建中国与世界互联互通的国际平台和国际互联网共享共治的中国平台。至今已经举办了 6 届，见证着中国在互联网方面不断增长的影响力。

6.1.1 中国互联网的接入和现状

2010 年 6 月 8 日，中国国务院新闻办公室发布的《中国互联网状况》白皮书指出：中国政府和人民以积极的姿态迎接互联网时代的到来。在 20 世纪 80 年代中后期，中国的科研人员和学者就在国外同行的帮助下，积极尝试利用互联网。在 1992 年、1993 年国际互联网年会等场合，中国计算机界的专家学者曾多次提出接入国际互联网的要求，并得到国际同行们的理解与支持。1994 年 4 月，在美国华盛顿召开中美科技合作联委会会议期间，中国代表与美国国家科学基金会最终就中国接入国际互联网达成一致意见。1994 年 4 月 20 日，北京中关村地区教育与科研示范网接入国际互联网的 64K 专线开通，实现了与国际互联网的全功能连接，这标志着中国正式接入国际互联网。

1997 年 6 月 3 日经国家主管部门批准，中国互联网络信息中心(China Internet Network Information Center，CNNIC)组建成立，作为中国信息社会重要的基础设施建设者、运行者和管理者，CNNIC 主要承担着国家网络基础资源的运行管理和服务，承担国家网络基础资源的技术研发并保障安全，开展互联网发展研究并提供咨询，促进全球互联网开放合作和技术交流等职责。1997 年 11 月，CNNIC 第一次发布《中国互联网络发展状况统计报告》，并形成半年一次的报告发布机制；2019 年 8 月 30 日，CNNIC 在京发布第 44 次《中国互联网络发展状况统计报告》，从互联网基础建设、网民规模及结构、互联网应用发展、互联网政务应用发展和互联网安全等多个方面展示了 2019 年上半年我国互联网发展状况。统计报告调查数据应用广泛，除被纳入中国政府统计年度报告外，还被联合国、国际电信联盟等国际组织普遍采纳。

关于中国与 Internet 的连接，中国互联网信息中心发布的《中国互联网大事记》记录如下：

1986 年 8 月 25 日，瑞士日内瓦时间 4 点 11 分 24 秒(北京时间 11 点 11 分 24 秒)，中国科学院高能物理研究所的吴为民在北京 710 所的一台 IBM-PC 机上，通过卫星连接，远程登录到日内瓦 CERN 一台机器 VXCRNA 王淑琴的账户上，向位于日内瓦的 Steinberger 发出了一封电子邮件。

1987 年 9 月，在德国卡尔斯鲁厄大学(Karlsruhe University)维纳·措恩(Werner Zorn)教授带领的科研小组的帮助下，王运丰教授和李澄炯博士等在北京计算机应用技术研究所(ICA)建成一个电子邮件节点，并于 9 月 20 日向德国成功发出了一封电子邮件(见图6-1)，邮件内容为"Across the Great Wall we can reach every corner in the world(越过长城，走向世界)"。

1992 年 6 月，在日本神户举行的 INET'92 年会上，中国科学院钱华林研究员约见美国国家科学基金会国际联网部负责人，第一次正式讨论中国连入 Internet 的问题，但被告知，由于网上有很多美国的政府机构，中国接入 Internet 有政治障碍。

图 6-1 越过长城，走向世界

1994 年 4 月 20 日，我国 NCFC 工程通过美国 Sprint 公司连入 Internet 的 64K 国际专线开通，实现了与 Internet 的全功能连接。从此中国被国际上正式承认为真正拥有全功能 Internet 的国家。此事被中国新闻界评为 1994 年中国十大科技新闻之一，被国家统计公报列为中国 1994 年重大科技成就之一。

中国 1995 年出现商用互联网服务，起步虽然较晚，但发展极其迅速。据统计，我国的上网人数 1995 年底不到 6000 人，1996 年底约 20 万人，1997 年底为 67 万人。由于党和政府的高度重视，新闻舆论的强势推动，1998 年"政府上网"轰轰烈烈，年底我国上网人数猛增到 210 万。1999 年"企业上网"热火朝天，年底上网人数达到 890 万。2000 年，由于"百姓上网"工程的启动，截至 2018 年 12 月，中国网民规模达到 8.28 亿，互联网普及率 59.6%（见图 6-2）；手机网民规模 8.17 亿，网民中使用手机上网的比例为 98.6%（见图 6-3）。

图 6-2 网民规模和互联网普及率

图 6-3　手机网民规模及其占网民比例

6.1.2　中国互联网发展三大阶段①

依据社会网络发展和人类社会联结程度，我们可以将过去中国互联网
25 年的发展历程大致分为三个阶段（见表 6-1）。

表 6-1　中国互联网发展三阶段

阶段	第一阶段：弱联结阶段	第二阶段：强联结阶段	第三阶段：超联结阶段
技术特性	PC 互联网	移动互联网	智能物联网
时间节点	1994—2008	2008—2016	2016 至今
代表性应用	门户（邮件、搜索、新闻）	博客、微博、微信	云、短视频、VR、AI
联结主体	电脑互联	人与人互联	物与物互联
普及率	0～20%	20%～50%	50%以上
治理主要矛盾	技术和产业治理	内容治理体系	社会综合治理体系
与其他网络主体的关系	追随阶段	部分自主阶段	部分引领阶段

（1）第一阶段：以 PC 互联为主的社会弱联结阶段。

1994 年，中国社会通信方式主要还是传呼机（BP 机）、有线电话、大哥
大等形式，以数字化为特征的第二代移动通信，也就是 GSM 手机，到 1995
年才开始投入使用。中国与世界的联结也非常有限。这 14 年时间，是中国
互联网快速崛起的时期，主要处于 PC 互联网阶段，通过 PC 实现信息和资

---

① 方兴东，陈帅. 中国互联网 25 年[J]. 现代传播，2019(4).

源的共享与互动，真正人与人之间的互联还很弱。

这 14 年，中国互联网产业本身经历了从无到有、从小到大的跨越式发展，初步实现了从弱联结社会到强联结社会的过渡和变迁。在这个过程中，随着社会联结性的不断提升，互联网治理以及因为互联网而激化的社会治理问题层出不穷，促使中国相关部门以问题为导向，逐渐形成了具有中国特色的治理机制和经验。

(2) 第二阶段：移动互联网主导的社会强联结阶段。

2008 年对中国互联网来说是很重要的一年，除了举办奥运会等影响世界的大事之外，更重要的是中国互联网发展进入新的阶段。这一年，中国网民数量首次超过美国，由此跻身全球网民第一大国。2008 年年底，我国网民数量接近 3 亿，超过了 25%的普及率，标志着互联网在中国真正成为主流媒体。

从 2008 年开始的 8 年时间里，由于智能手机爆发而形成的移动互联网浪潮，使中国互联网发展快速进入了强联结阶段。这种联结性的根本性突破，使得互联网成为社会新的主流媒体和主流信息传播形式。互联网的发展不仅仅是互联网产业本身的进程，更是社会变革的催化剂和放大器，尤其是互联网的全球性所导致的全球协同与联动效应，开始挑战以地理边界为特征的国家主权和国际秩序。中国在这个过程中，面临了前所未有的挑战，但最终很好地化解了危机。在治理机制和制度创新方面，逐步适应了汹涌而来的强联结时代。

(3) 第三阶段：以 5G 和智能为特点的社会超联结阶段。

过去 10 年新增网民数量近 6 亿，社会联网程度大大提升。而且，除了电脑和人之外，更重要的在于社会的全面联结。中国作为全球唯一 10 亿级大规模同时在线的单一市场，在"万物互联时代"迎来全新的契机。随着云计算、大数据、人工智能、虚拟现实、5G 等技术的不断突破，一个全新的超联结社会正在开启。

经过 25 年的发展，中国在互联网产业、数字经济和社会联结性等层面，取得了后来居上的成绩。尽管美国在原创性技术及创新生态和机制方面，依然保持领先优势，但是，中国在实现社会联结性的进程中无疑已经打下了坚实基础。

过去 25 年，是产业的发展驱动了中国社会的联结性；而下一个 25 年，很可能是中国超联结社会的全球领先性，成为发展的最大驱动力。良性循环、相互促进的基本态势已经形成。除了技术变革，超联结背后的时代精神依然是一脉相承的。1969 年，美国发明了互联网，并推动全球各国互联和发展，今天中国推出"一带一路"战略，开始注重数字丝绸之路的建设。大家都是在开放、共享、创新、发展的理念和精神下，促进全球互联、互惠、互利。在民粹主义和贸易保护主义日盛的今天，作为后来居上的中国，理应接过时代精神的旗帜，让联结全球成为中国互联网新的使命。

6.1.3　IT 创新：美团、抖音、华为

1. 美团

美团(见图 6-4)是一家什么公司？团购网站？外卖平台？在线旅游？网约车平台？似乎很难用狭义上的概念来定位。

图 6-4　美团

在美团的官网上，美团是这样介绍自己的："美团的使命是'帮大家吃得更好，生活更好'。作为中国领先的生活服务电子商务平台，公司拥有美团、大众点评、美团外卖、美团打车、摩拜单车等消费者熟知的 APP，服务涵盖餐饮、外卖、打车、共享单车、酒店旅游、电影、休闲娱乐等 200 多个品类，业务覆盖全国 2800 个县区市。2018 年全年，美团的总交易金额达 5156.4 亿元人民币，同比增加 44.3%。截至 2018 年 12 月 31 日，在过去十二个月里，美团年度交易用户总数达 4.0 亿，平台活跃商家总数达

580 万。"

从这可以看出，美团是将自己定位成一家中国领先的生活服务电子商务平台。这家成立于 2010 年的公司，经过几年的深耕发展，已经成为不折不扣的互联网新巨头，在生活服务电商领域，美团更是一颗在移动互联网浪潮中升起的耀眼明星，在深耕"食住行娱"生活服务领域 8 年多的时间里，它正一步步地通过互联网技术进行数字化商业转型，托起一座建设中的"网上城市"。

为什么美团能够获得如此快速的发展呢？我们认为主要有两个原因：一是创新，包括技术上的创新等；二是社会责任的承担。

从技术创新上来说，美团 2012 年推出电影票线上预订服务，2013 年推出酒店预订及餐饮外卖服务，之后的几年时间里，接连推出旅游门票预订服务，面向商家的服务如聚合支付系统及供应链解决方案，生鲜超市业务以进一步扩展即时配送服务至生鲜及其他非餐饮外卖类别。2018 年收购共享单车品牌摩拜单车，进一步增加向消费者提供的服务组合。美团就这样做到一切业务基于用户需求，而不以业务划分。做到以用户为驱动，这是典型的互联网模式内核。当前，美团战略聚焦 Food +Platform，正以"吃"为核心，建设生活服务业从需求侧到供给侧的多层次科技服务平台。过去 5 年，外卖行业通过技术创新，将"民以食为天"变得越来越高效和便捷。据统计，2018 年有约 751 万医护人员叫美团外卖到医院，美团外卖解决了约 2000 万老人做饭难、吃饭难的问题；2018 年加班忙碌到晚上 8 点后点美团外卖的白领超过 1400 万人……除了外卖，消费者还可以通过美团的在线订位、扫码自助点餐等功能，享受多种贴心便捷的消费体验。

与此同时，美团正着力将自己建设成为一家社会企业，承担相应的社会责任。2019 年 5 月 20 日，美团发布《美团点评 2018 企业社会责任报告》，阐述了作为新一代互联网平台企业，美团如何利用科技创新，为社会持续创造新价值，并将公司社会责任与企业战略、业务融合，实现商业与社会互利共赢。报告认为，共建美好生活是以美团为代表的新一代互联网平台企业最大的社会责任。美团始终坚持"以客户为中心"的理念，通过建立业界领先的消费者服务保障体系，让 4 亿用户通过美团服务，拥有更多的获得感、幸福感和安全感；2018 年，美团带动劳动就业机会 1960 万，其中超过 270 万骑手在美团外卖获得收入，也带动商户就业机会 1600 多万个，美团外卖自营骑手收入多在 6000~8000 元，这样的收入让 54%的骑手在 2018 年生活有了可喜的变化。同时，美团研发了"天网""天眼"系统，即"入网经营商户电子档案系统"和"餐饮评价大数据系统"。目前，"天网""天眼"系统已完成了与上海、深圳等多个重点城市监管部门的数据对接，通过大数据分析发现问题餐厅，同步移交给相关主管部门，准确率达 90%以上，有效提升了食品监管部门的监管靶向。为推动解决外卖行业环保问题，美团在 2017 年 7 月正式发布了外卖行业首个关注环境保护的行动"青山计划"，截至 2018 年年底，共有超过 3 万个美团商家加入"青山计划"。

扶贫也是美团社会责任中不可或缺的。全国 832 个贫困县中，美团外卖平台骑手覆盖 781 个，覆盖率高达 94%。美团还结合自身业务特色，探索"互联网+美食扶贫""互联网+旅游电商扶贫""互联网+生态扶贫"等创新形式，凝聚更多社会力量，推动贫困地区特色产业发展。

美团的社会责任观已经深入到员工、骑手以及合作商家、生态伙伴的理念和行动之中。作为美团生态链的重要组成部分，美团外卖骑手以"外卖侠"著称。2018 年，美团外卖骑手协助挽救了 40 条生命，扑灭 10 起火灾，帮助 10 位走失儿童重回父母怀抱，参与 17 次台风、暴雨、泥石流等灾害救援或灾后重建工作；有 1000 名美团骑手参与无偿献血活动，献血总量达到 40 万毫升。此外，美团骑手还协助民警破获了 11 起刑事案件，其中有 8 次直面行凶歹徒。这些正能量小哥得到了社会的肯定和认可，去年，共有 2.5 亿份美团用户订单备注中向骑手表示感谢。

2018 年 9 月美团点评登陆港交所上市，正如创始人王兴所说："上市意味着成为一家公众公司，意味着更大的责任。作为平台型互联网企业，我们不能仅仅用法律、义务这样的底线来要求自己，而是要更加自觉、更加主动地承担社会责任，创造社会价值，构建一家社会企业。"

2. 抖音

抖音(见图 6-5)，是一款可以拍短视频的音乐创意短视频社交软件，该软件于 2016 年 9 月上线，是一个专注年轻人音乐短视频的社区平台。用户可

图 6-5 抖音 Logo

以通过这款软件选择歌曲，拍摄音乐短视频，形成自己的作品。通过抖音短视频 App，你可以分享你的生活，同时也可以在这里认识更多的朋友，了解各种奇闻趣事。

2018 年，以抖音为代表的短视频平台成为继微博、微信后互联网又一"明星产品"。截至 2019 年 1 月，抖音国内日活跃用户已经突破 2.5 亿，月活跃用户突破了 4.5 亿。抖音不仅成为年轻人进行日常表达的重要平台，也预示乃至引领着中国互联网的视觉化传播趋势。

抖音火爆的重要因素就是采用叠加推荐（算法）解决了用户"没内容可看"的问题。叠加推荐是以内容的综合权重作为评估标准的，综合权重的关键指标有：完播率、点赞量、评论量、转发量，且每个梯级的权重各有差异，达到了一定量级后，平台会以大数据算法和人工运营相结合的机制进行不断推荐。

依靠强大的算法推荐功能，抖音在目前竞争白热化的短视频市场取得了初步的成功，但是也面临着内容低俗、娱乐过度、虚假信息等众多问题。2018 年 6 月 6 日，微博网友发博文称，有商家在抖音的搜索引擎广告推广中借"邱少云，被火烧的笑话"进行推广。今日头条对此表示，就搜索引擎广告投放中出现对英烈不敬的内容，向公众和英烈遗属诚挚致歉。2018 年 7 月 3 日，抖音在微信上线名为"抖音好友"的小程序，用户可利用此小程序查看群中使用抖音的好友。同日，该小程序因"涉嫌违反用户数据使用服务"，已暂停服务。

2017 年 8 月，抖音海外版 Tik Tok 上线，在日本、泰国、越南、印尼、印度、德国等国家先后成为当地最受欢迎的短视频 App。国际应用市场研究公司 Sensor Tower 数据显示：2018 年一季度，抖音海外版 Tik Tok 的 App Store 全球下载量达 4580 万次，超越 Facebook、Instagram、YouTube 等成为全球下载量最高的 iOS 应用。2018 年 7 月 16 日，抖音官方正式宣布，抖音全球月活跃用户数超过 5 亿。

2019 年 2 月，美国联邦贸易委员会向法院提起诉讼，指控 Tik Tok 收集"13 岁以下用户的姓名、电子邮件地址和其他个人信息"，违反了《儿童在线隐私保护法》。Tik Tok 同意支付 570 万美元的罚款了结此案。2019 年 4 月，印度泰米尔纳德邦信息科技部长 M. Manikandan 抨击该国年轻人非常沉迷字节跳动旗下"印度版抖音"Tik Tok，其中涉嫌大量不利于未成年人成长的内容和非法内容，导致年轻人出现"文化堕落"等问题，他呼吁马德拉斯高等法院全面封杀 Tik Tok。据英国《卫报》7 月 2 日报道，短视频分享应用 Tik Tok 正在接受英国监管机构的调查，调查内容涉及其如何处理未成年用户的个人数据隐私，以及是否在社交网络中优先考虑儿童用户的安全。

综上，知识产权、未成年人权利保护、隐私、色情和虚假信息等是互联网应用创新无法绕开的话题，如何在两者之间达成平衡至关重要。

3. 华为

2019 年 7 月 4 日，法国新闻周刊杂志《观点》(Le Point)在推特上发布了最新一期杂志封面，华为董事长任正非担任主角。在封面上，《观点》将任正非称为"改变历史的人"（见图 6-6）。

图 6-6　法国新闻周刊《观点》封面

任正非，1963 年就读于重庆建筑工程学院(现重庆大学)，1987 年，任正非集资 21 000 元人民币创立华为技术有限公司，1988 年任华为公司总裁。2003 年，任正非荣膺网民评选的"2003 年中国 IT 十大上升人物"；2005

年入选美国《时代》杂志全球一百位最具影响力人物；2019 年 4 月 18 日，入选美国《时代》"2019 年度全球百位最具影响力人物榜单"。《时代》东亚记者查理·坎贝尔在提名词中写道："当任正非在 1987 年投资 5600 美元创建华为时，他并不是一位计算机奇才。然而，他的管理帮助华为成为了全球最大电信设备公司，去年营收达到 1070 亿美元，客户遍及 170 个国家和地区。除了尖端智能机，华为还是 5G 领域的先锋，这项革命性技术将推动第四次工业革命中无人车和智慧工厂的发展。"

　　华为技术有限公司是一家生产销售通信设备的民营通信科技公司，也是全球领先的信息与通信技术(ICT)解决方案供应商，专注于 ICT 领域，坚持稳健经营、持续创新、开放合作，在电信运营商、企业、终端和云计算等领域构筑了端到端的解决方案优势，为运营商客户、企业客户和消费者提供有竞争力的 ICT 解决方案、产品和服务，并致力于实现未来信息社会、构建更美好的全连接世界。2013 年，华为首超全球第一大电信设备商爱立信，排名《财富》世界 500 强第 315 位。

　　2018 年初，华为发布了新的愿景与使命：把数字世界带入每个人、每个家庭、每个组织，构建万物互联的智能世界。2018 年 10 月 10 日，华为推出自动驾驶的移动数据中心。严峻的外部环境逼迫华为陆续出台变革措施。2019 年年初，华为宣布把网络安全和隐私保护作为公司的最高纲领。

　　在 5G 领域，根据欧洲电信标准化协会发布的全球 5G 核心必要专利数排名中，华为更以 1970 件专利数排名第一。全球为 5G 标准做出技术贡献最大的公司排名中，华为排第一，成为全球通信领域技术的引领者。

　　5G 会带来革命性变化，包括连接平台化、全在线、全云化、智慧终端、无缝体验。第一，全在线、无缝体验：5G 将是引爆 VR 需求的推手。5G 网络全在线、低时延，意味着今后的计算可以在不同的地方处理，这样对本地计算的要求和成本会降低，VR 的头显就可以做得更轻、更薄。第二，全云化、智慧终端：一部手机通过 5G 接入云端，瞬间变成"变形金刚"。它可以是随身的超级本，满足日常办公所需，也是移动的图形工作站，有用不完的云端 GPU 渲染能力。第三，连接平台化、无缝体验：5G 不仅更快，更是真正的革命。现在的网络是连接，未来的网络是一个平台。有了 5G，连接将会成为平台，而不仅是管道，所有的物都可以连网，所有应用都能上云，这意味着终端将被重新定义，创造全新无缝的体验。

美国等国以"安全"等为理由禁止华为参与其 5G 网络的建设，给华为在全球拓展 5G 业务的道路上设置了诸多障碍。当地时间 2019 年 5 月 15 日，美国商务部发布声明，称将华为公司及其附属公司列入管制"实体名单"，禁止华为公司在未经特别批准的情况下购买重要的美国技术，并在国家安全的基础上有效地禁止其设备进入美国电信网络。

华为也在为应付突发情况做着充足的准备。

任正非说："极端困难的外部条件，会把我们逼向世界第一！"

6.2 案例分析讨论："排放门"事件

 案例 ••

2015 年 9 月 18 日，美国环境保护署指控大众汽车所售部分柴油车在尾气检测中有作弊行为，从而引发了大众汽车的"排放门"事件。

"排放门"事件的关键设备是一款名叫"失效保护器(Defeat Device)"的软件，该软件可感知方向盘位置、车速、发动机运行时长和气压等多个不同输入信号，而这些输入信号都与尾气排放检测程序各个参数"精确"对应，据此可判断车辆是否处于检测环境。一旦发现汽车处于检测环境，"失效保护器"将被关闭，此时汽车电控系统运行检测校准设备，汽车的排放控制系统全力运行，使汽车的尾气排放达标，从而保证车检以"高环保标准"过关；平时行驶时，"失效保护器"会被启动，此时汽车电控系统运行另一个上路校准设备，汽车排放控制系统的工作效率大幅降低，此时汽车日常的废气物排放量会达到或超过法定标准的 40 倍，排放严重超标。

通俗地说，"失效保护器"其实是一个"开关"，它安装在汽车电控系统的核心——电子控制单元上，它是一段控制程序，被植入在运行发动机控制电脑的软件代码之中，完全自主运行，车主无法自己打开或关闭这一软件。

2015 年 10 月起，随着大众公司排放门事件的进一步发酵，全球多国对当地的大众公司展开调查，大众公司面临潮水般的调查和诉讼。2016 年 1 月起至 2017 年，美国对大众公司提起诉讼并进行了三次和解，大众公司承担了民事赔偿、罚款和刑事罚金高达近 200 亿美金，部分管理人员还承担了相应的刑事责任。

2018 年 6 月 13 日，德国公布了针对大众汽车的处罚令，依据德国《违反秩序法》，针对大众汽车在此前曝出的柴油排放危机事件（"尾气门"事件）中的行为开出了总额为 10 亿欧元的罚款。大众汽车集团当天在一份声明中表示，根据调查结果，从 2007 年年中至 2015 年，大众汽车分别向美国、加拿大和全球市场投放了配备有控制软件的汽车 1070 万辆。经过全面审查，该企业选择接受处罚，并放弃上诉。

至此，大众公司为欺诈、污染环境行为付出了昂贵的代价，再加上品牌损失和个人刑事责任，教训可谓深重。

【分析】

分析一：为什么要安装作弊软件？

作弊的原因，最主要还是技术不过关。柴油机省油、耐用、动力足的特点众所周知，而柴油是压燃，不使用火花塞，如果柴油在发动机内没有足够的氧气来进行充分燃烧，就会排放出氮氧化物、没有充分引燃的燃料以及颗粒物。

人体吸入过量氮氧化物容易引发哮喘及其他呼吸道疾病，严重者甚至死亡。因此柴油机尾气处理方法是在排气系统内喷射浓度为 32.5% 的尿素溶液，在化学反应下，它可以把氮氧化物转化为氮气、氧气、水以及少量的二氧化碳。但是尿素溶液喷射系统价格昂贵，因而目前一般的轻型机采用 EGR（废气再循环技术）和 DPF（颗粒捕捉器）。废气再循环就是把一部分排放的尾气重新导入进气系统进行二次燃烧，降低氮氧化物产生。但是 EGR 会使得富氧燃烧减少并阻碍到涡轮的工作，影响动力输出的平顺性。

要平衡这个矛盾，在苛刻的排放标准下，最厉害的工程师也一时找不到达标的方法。利益驱动下，他们就只能以作弊的方式解决，在相关部门进行检查的时候企图神不知鬼不觉地瞒天过海。而这个作弊的核心关键，就在于一个软件——失效保护器(Defeat Device)[①]。

分析二：从"排放门"事件中看出，作为企业应该如何履行社会责任？

大众公司在其所生产的汽车上通过安装隐秘软件实现检测时达标过关，但在实际运行中肆意超标排放，既污染了环境也损害了消费者和其他人员的健康，更是动摇了企业的社会责任。"排放门"事件无疑是在利益驱动下的行为，大众公司最终付出了巨大的代价，造成了品牌损失，但其10年的作弊历程也就道出了商业活动中的一个公开秘密，那就是逐利，以各种手段追求利益的最大化，甚至不惜以牺牲品牌和社会责任为代价。

作为企业，应该承担社会责任，更要以良好的行为履行社会责任。作为一个企业特别是知名企业，社会责任首先是必尽责任，就是遵纪守法、依法经营和诚信经营，不能忽略和跨越必尽责任；同时企业如果只为市场利益而不顾社会责任，就可能做出违背基本法律和道德底线的行为，利益至上与社会责任难免会有冲突之处，一定要协调处理，实现最佳平衡；否则，企业不负责任的行为既是对社会的伤害，反过来带给自身的伤害也会更大。

【讨论】

如果你是"失效保护器"的软件开发设计小组人员之一，你会怎么办？

如果你是大众公司的总裁或高层领导，遇到此事件后，你将怎么办？

6.3 相关伦理分析

6.3.1 计算机专业人员的伦理困境

计算机专业从业人员是指设计、制造、编程和维护计算机相关设施，以及规划和管理此类活动的人。随着计算机技术广泛应用于生活的各个方

---

① http://auto.sina.com.cn/mp/w/2017-04-06/detail-ifyecfnu7498005.shtml

面，从医药到教育，从通信到生产，从国防到娱乐行业，计算机专业从业人员"拥有巨大的力量，既能以好的方式也能以坏的方式影响整个世界"，"计算机专业人员应当对社会承担责任——提高对计算机专业的社会影响的认识，制订行为责任准则，对未来的专业人员进行社会责任教育"[①]。

今天，随着计算机和互联网技术的飞速发展，我们在工作和生活中对计算机和互联网的依赖越来越多，甚至可以说离不开计算机和互联网络了，无论是现实生活的吃穿住行等物质层面的需求，还是精神层面的交友娱乐需求，几乎都借助计算机和互联网络这一个虚拟的世界来完成。作为掌握了计算机技术或互联网技术的专业人员或从业人员，也面临着越来越多的伦理困境。

1. 技术发展与伦理缺失

计算机与互联网技术产生前，人们在社会生活中已经形成了一套完整有效的调节社会生活的伦理规范和道德要求、道德守则；计算机和互联网技术产生后，对人类原有的道德观念、社会秩序带来了强烈的冲击甚至是颠覆性的变革，无论是对社会成员个体的社会生活领域，还是对社会中的各个组织、社会各个层面的道德伦理都带来了巨大的变化和冲击，人们在使用和享受计算机及互联网技术带来的便利的同时，无疑也被动地感受到了技术发展所带来的伦理困惑。

我们知道，技术是一把双刃剑。计算机和互联网技术也不例外，也会带来双刃效应，伦理挑战和道德困境就是这种效应之一。计算机和互联网技术发展所带来的伦理挑战和道德困境等问题可分为七大类：计算机犯罪和计算机安全问题，软件盗版和知识产权问题，黑客现象和计算机病毒的制造，计算机的不可靠性和软件质量的关键问题，数据存储和侵犯隐私，人工智能和专家系统的社会意义，计算机化的工作场所所产生的诸多问题[②]。正是因为使用计算机的人及其计算机伦理的缺失，特别是技术的发展对伦

---

① 特雷尔·拜纳姆，西蒙·罗杰森. 计算机伦理与专业责任[M]. 李伦，等，译. 北京：北京大学出版社，2010：86.
② 汤姆·福雷斯特，佩里·莫里森. 计算机伦理学：计算机学中的警示与伦理困境[M]. 北京：北京大学出版社，2006：6.

理所带来的冲击,产生了巨大的伦理困境,并且这种伦理困境随着技术的发展而越来越大。

同时,伦理的发展往往跟不上技术发展的步伐,也就会产生新的伦理困境。计算机和互联网技术的发展是飞速的,从 Web 1.0 到 Web 2.0 再到 Web 3.0,日新月异的发展速度是伦理规范所追赶不上的。于是,在原有的因技术发展而带来的伦理困境尚未解决之前,新的因技术发展而产生的伦理问题又给人们带来了新的困惑,并在这样的矛盾之中进行不断的发展和变化。

2. 技术中立与道德价值

计算机和互联网专业人员从事的主要是技术工作,首要任务是操作和控制计算机及互联网,推进计算机和互联网技术的发展,实现计算机和互联网与人的自由交互。那么这种技术是否中立?技术层面的工作内容和任务是否具有道德价值?作为计算机和互联网专业人员在技术工作中是否要受道德的约束?

一般来说,作为技术人员往往认为技术是中立的,特别是计算机和网络是技术中立、价值无涉的真空地带。例如,程序员编写程序就是去解决我们日常生活中的某些实际问题,于是通过编写代码来教计算机如何处理输入的信息,然后输出相应的结果,这个过程只是严密的数理推理和逻辑运算,不用也不需要带有主观的道德感情色彩。但是这并不能说计算机和互联网专业人员就无关道德价值,于是就产生了技术中立与道德价值的伦理冲突与困境。实际上,技术本身可能具有中立的属性,但掌握技术的专业人员不可能置身于价值的场域之外,专业人员的专业行为也同样被赋予了道德价值的属性。

在技术中立无关道德价值的观念驱使下,我们的专业人员产生符号异化,会把计算机和互联网中的符号异化成为控制人的力量,把符号当作一切而不会理性地去分辨真假。同时专业人员也会把网上人际交往仅看作是符号化的交往,从而迷恋于网上符号交际而不会开展现实中的人际交往,并且产生人对机器的依赖而部分丧失人的主体性,对机器的过分依赖甚至会患上"电脑网络依赖症",把自己全部的生命意义寄予计算机和网络,人的生存变得由机器的逻辑来操纵,一旦离开网络,便无法在现代社会正常生活,可以说是把灵魂卖给了电脑和网络,而把肉体的安康置之度外。于是，这种伦理的困境就更加突出。

3. 市场经济与职业操守

随着信息社会的发展，计算机和互联网成为了整个社会的最重要的基础设施之一，对经济发展的促进作用越来越大，不仅出现了颠覆传统经济模式的新业态，也创新和整合了市场经济发展模式，出现了诸如互联网经济、数字经济等；同时，也不断提升了市场经济的竞争态势，为市场经济的发展不断注入新的动能，无论是作为市场经济主体的企业还是经济结构的优化，计算机和互联网技术都成为了核心竞争力的标志。然而，市场经济无疑是具有逐利性的，所有的市场行为其根本目的就是获取相应的利益，并且尽可能的使利益实现最大化。因此，作为计算机专业人员来说，面对市场经济的发展，一方面要通过运用计算机和互联网技术实现自己的正当利益，另一方面也面临着不当利益的诱惑与驱使。

例如，一些人制造和传播计算机病毒用来牟利，计算机专业人员在计算机程序中插入的破坏计算机功能或者数据的代码就制造和产生了计算机病毒，这个病毒程序就像生物病毒一样，能够自我繁殖、互相传染以及激活再生，而且能够快速蔓延且难以根除，在病毒传播的过程中谋取不正当利益。例如，2006 年底爆发的"熊猫烧香"和 2007 年初的"灰鸽子"病毒就有完整的利益链条，病毒的制造与发布、被感染用户端的账号和密码等信息的收集贩卖、"肉机"网游账号的倒卖等形成了整条黑色的利益链。特别是 2017 年肆虐全球的勒索病毒及其变种，不仅通过收取虚拟的比特币以赤裸裸地谋利，而且盯上了微信支付，要求被感染用户扫描其自动弹出的"微信支付"二维码交付赎金 110 元从而获得解密密钥，还可非法获取用户的淘宝、支付宝、百度网盘、邮箱账号口令等。这就是典型的凭借计算机和互联网技术以谋取不正当利益，显然是违背职业操守的行为。

还有，计算机专业技术人员为了适应并迎合市场需求、追逐自身发展、谋求更大的商业与个人利益，会利用自身所掌握的技术特长或公司技术优势，产生一些无视和抛弃道德底线和职业操守的行为，甚至对其他人的利益产生不良影响和侵害的行为。最典型的莫过于腾讯与 360 之争，作为两个公司中的计算机专业技术人员，为了追逐商业利益而不惜侵犯知识产权，制造舆论压力，诋毁、污蔑甚至相互"抹黑"竞争对手，针锋相对地展开不正当竞争，忽略了公众的需求也损害了无辜公众的利益，最终使双方的利益都受到了不应该有的损失。不得不说该事件中计算机专业人员显然违背了基本的职业道德，抛弃了基本的职业操守，在市场经济的浪潮中陷入了伦理困境。

电脑黑客的非理性行为、黑客文化的泛滥，都是凭自己所掌握的高超的计算机和网络技术在网络世界中为所欲为，或非法入侵机密重地，或恶意捣毁或破坏系统，或干脆截取账号盗窃钱财，给网络安全带来了巨大的风险和挑战。

6.3.2　专业伦理的价值和原则

比尔·乔伊(Bill Joy)被《财富》杂志誉为"网络时代的爱迪生"。1982年，乔伊作为联合创始人和首席科学家参与了 Sun 微系统公司的成立，设计了 Sparc 微处理器，并将之前自己领导开发的 BSD 继续发展成为 Solaris 操作系统。然而，乔伊作为一名以追求公民社会正义和道德为己任的公共知识分子，他希望通过自己的独立思考，并以个人言论的方式来影响社会，推动社会进步和解决公共问题。2000 年，他在《连线》杂志上发表了《为什么未来不需要我们》。文中充分表达了作为计算机专业从业人员具备良好的道德义务和社会责任的重要价值：

随着人类水平的计算能力在过去 30 年中的飞速发展，在我的脑海中一种新的想法浮现出来：可能我们努力开发出来的工具将帮助那些能够取代人类自身的技术成果孕育成熟。我对此有何感受？我非常不安。我奉献出我的一生建造可靠的软件系统，对我而言，某些人所描绘的未来世界最好不要出现。我的个人经验告诉我，我们总是对自己的设计能力评价过高，而设计中微小的失误就会造成不可挽回的损失。

……

在我的职业生涯中，我一直致力于提高软件的可靠性。软件只是个工具，并且作为工具的建造者，我必须与我创造出的工具应用到的用途斗争。我曾经相信使软件可靠性更高、用途更广，将会使这个世界更加安全与美好，如果我开始产生与之相反的信念，我就会用道德上的义务来终止我的工作，我现在能想象到这样一天终会到来。

那么计算机从业人员是怎样的群体呢？他们拥有什么样的权利？其权利的滥用会造成怎样的后果？强调计算机专业从业人员职业伦理的价值何在？计算机专业从业人员职业道德包括哪些方面？我们已经做好了相应的工作吗？

1. 计算机专业伦理的价值何在？

2011 年 7 月 23 日，这是让许多中国人悼痛的日子。当日晚上 20 点 38 分，甬温线永嘉站至温州南站间，北京南至福州 D301 次列车与杭州至福州南 D3115 次列车发生追尾事故，截至 7 月 29 日，事故已夺去 40 条鲜活的生命(其中有两名外籍人士，D301 次列车司机胸口被车闸刺穿，当场死亡)，200 多人受伤。7 月 29 日，铁道部有关负责人就事故原因回答新华社记者：事发当时，由于雷击造成温州南站的信号设备故障，正常行驶的 D3115 次列车列控车载设备由于接收的码序不稳定，停车后按规定缓行。此时，防护 D3115 次列车的后方信号由于列控中心的数据采集板软件设计严重缺陷，本应显示红灯的信号错误升级为绿灯，致使列车运行控制系统没有发挥作用，D301 次列车按照错误显示的绿灯进入区间，与前行的 D3115 次列车发生追尾事故[①]。

1979 年 3 月 28 日凌晨 4 时，美国宾夕法尼亚州的三哩岛核电站第 2 组反应堆的操作室里，红灯闪亮，汽笛报警，涡轮机停转，堆心压力和温度骤然升高，2 小时后，大量放射性物质溢出。在三哩岛事件中，从最初清洗设备的工作人员的过失开始，到反应堆彻底毁坏，整个过程只用了 120 秒。6 天以后，堆心温度才开始下降，蒸气泡消失——引起氢爆炸的威胁解除了。100 吨铀燃料虽然没有熔化，但有 60%的铀棒受到损坏，反应堆最终陷于瘫痪。

---

① 铁道部有关负责人就甬温线"7·23"事故有关情况答新华社记者问[EB/OL] (2011-07-30)
　[2019-07-30].http://news.xinhuanet.com/society/2011-07/30/c_121746050.htm.

1990 年 1 月，一个软件缺陷引起的纽约电话网事故，使得美国电报电话公司(AT&T)的电话网和纽约机场瘫痪了 9 个小时，而在 1991 年 9 月的一个系统设计问题又让纽约电话网瘫痪了 4 个小时(当时 AT&T 的主要工程师正在外参加一个讨论如何应付突发事件的专家会议)。

1992 年英国一家医院的发言人承认，过去 10 年里，因为一个未被发现的计算机程序错误，大约 1000 名癌症病人接受的放射治疗只有正常剂量的 30%。989 名病人在特伦特河畔斯托克的这家医院接受了膀胱癌、骨盆癌、肺癌和咽喉癌的治疗。因为一些计算机软件有一个不必要的校正系数，他们没有得到正确治疗。尽管院方否认这个错误会带来"有害的结果"，事实上 989 名接受治疗的病人中只有 447 人还活着。

从三哩岛事故、切尔诺贝利核泄漏、"挑战者"航天飞机失事，到像法国、印度和尼泊尔的 A320 空中客车事故、贝尔 V-22 鱼鹰和诺思罗普 YF 23 飞机的坠毁等一系列的航空事故，还有医疗、金融、电力行业，几乎在所有的重大系统故障中，计算机都扮演着这样那样的角色。"总体上来说，计算机执业者对社会担负着重大责任，特别是对那些直接受计算机系统、网络、数据库以及其他由计算机执业者创造和控制的信息技术设施所影响的人们来说，更是如此"[①]。

2. 专业伦理的原则

表面看来，计算机专业人员的社会地位不是很高，然而随着计算机技术的广泛运用，他们所拥有的影响世界的力量与日俱增。如果这种巨大的力量一旦为利益或某种邪恶所控制并滥用，其后果将不可估量。因此，计算机专业人员伦理原则的制定和专业责任建立是构建良好社会的重要因素。

为帮助计算机专业人员应付各种道德困境，美国计算机协会委员会1992 年 10 月 16 日通过了《计算机协会伦理与职业行为规范》，规定"计算机协会的每一名正式会员、非正式会员和学生会员就合乎伦理规范的职业行为做出承诺"。专业责任主要有一般道德守则和专业人员职责。一般道德守则包括：为社会和人类福祉做出贡献；不伤害他人；保持诚实可信；

---

① 特雷尔·拜纳姆，西蒙·罗杰森. 计算机伦理与专业责任[M]. 李伦，等，译. 北京：北京大学出版社，2010：82.

保持公平，不采取歧视行为；尊重包括版权和专利权在内的财产权；给知识产权适当的荣誉；尊重他人的隐私；保守秘密。专业人员职责包括：努力使专业工作的过程和产品达到最高的质量、效率和尊严；获得和保持专业胜任能力；熟悉并遵守与业务有关的现行法律；接受和提供适当的专业化评价；全面评估计算机系统及其影响，包括分析可能存在的风险；尊重合同、协议和工作职责；提高公众对计算机技术及其后果的认识；在获得许可后才能使用计算机和通讯资源[①]。

1998 年，美国 IEEE-CS/ACM 联合工作组制定了《软件工程伦理准则和专业实践标准》，认为软件工程师应当致力于使软件的分析、说明、设计、开发、测试和维护成为一个有益且受尊敬的专业。为了履行对公众的健康、安全和福利的承诺，软件工程师应当恪守如下八项原则：

① 公众。软件工程师的行为应当符合公众利益。

② 客户和雇主。在符合公众利益的前提下，软件工程师的行为应当满足客户和雇主的最佳利益。

③ 产品。软件工程师应当确保其产品及相关改进达到最高的专业标准。

④ 判断。软件工程师应当坚持其专业判断的诚实性和独立性。

⑤ 管理。软件工程的管理者和领导应当支持和推动合乎道德的软件开发和维护的管理方法。

⑥ 专业。在符合公众利益的前提下，软件工程师应当提高本专业的信誉和声誉。

⑦ 同行。软件工程师对待同行应当公平和支持。

⑧ 自我。软件工程师应当坚持专业实践的终生学习，促进合乎道德的专业实践方法的发展[②]。

计算机专业人员必须解决好在其职业活动中面临的四重关系：雇员与雇主的关系，计算机专业人员与用户的关系，计算机专业人员同行之间的

---

① 汤姆·福雷斯特，配里·莫里森. 计算机伦理学[M]. 北京：北京大学出版社，2006，附录 A：245-250.

② 《计算机伦理与专业责任》附录"伦理准则范例"，李伦，译. http://www.chinaethics. org/infoethics/UploadFile/%BC%C6%CB%E3%BB%FA%D7%A8%D2%B5%C2%D7%C0%ED%D7%BC% D4%F2.pdf.

关系，计算机专业人员与社会的关系。显然，前三种关系实际上都属于人际关系，它的基本的伦理原则是相互尊重和诚实，并能顾全三者的利益。接下来，我们以软件设计专业人员为例，分析计算机专业人员如何解决好其在职业活动中面临的四重关系。

在软件设计专业人员与客户、雇主的关系中，在符合公众利益的前提下，软件工程师的行为应当满足客户和雇主的最佳利益。要准确描述自己所开发软件的特性，不得有错误的描述，也不得有推测性的、空洞的、欺骗性的、误导性的或含糊的描述。除非有更高的道德理由，不谋求不利于雇主或客户的利益，如果根据自己的判断，认为项目可能失败、费用过高、违反知识产权法或存在其他问题，应当及时找出、记录和收集证据，并报告客户或雇主。在软件设计专业人员与用户的关系中，一个非常突出的伦理问题是，有些设计人员在软件中安装"定时炸弹"和"病毒"等有害成分，以此作为牵制他人的工具。在软件设计专业人员与雇主的关系中，常见的伦理问题是，雇员往往不愿提供完整的设计文件给雇主，以此作为讨价还价的手段。另一种道德困境是：当雇主坚持要把一套设计陈旧、价格昂贵、甚至缺乏安全保障的系统卖给一个轻信的顾客时，一个系统分析员该怎么办？是和老板一起骗人，还是告诉顾客他们被骗了？

软件设计专业人员对待同行应当公平和互相支持，在软件设计开发的竞争过程中，软件的私自拷贝、抄袭和解剖别人软件的现象时有发生，涉及许多道德和法律的问题。

计算机专业人员与社会的关系，是计算机专业人员应该如何处理社会及人类的关系问题，这也是最为核心的伦理问题。

首先，作为一个软件工作者，他必须认识到他在社会中所担任的角色，特别是他所拥有的社会效益，即专业人员对社会环境和物理环境的影响能力。比如，你在一家保险公司设计一个数据库系统，该系统的安全性将影响每一个投保者，或者你在航天局设计一个卫星发射系统，你的行为将影响这个国家甚至世界范围的人们。一旦认识到这种关系，那么软件就不是单纯的技术问题了，而是一个社会问题和道德问题了。

其次，作为一个软件工作者，他必须充分考虑软件所带来的计算机行为及其后果的伦理问题。具有高度道德水准的计算机行为至少要满足如下四个要求：第一，对人类社会有益。大多数的计算机系统都具备这一要求。例如，一个计算机生产控制系统，它可以提高劳动生产率，降低劳动强度，改善劳动环境等等。第二，对人类社会无害。要达到这一要求不是易事，这需要确保软件不含有病毒和其他致命性的错误，也不能让用户因为某种错误操作而产生危险。第三，具有道德尊严。计算机行为必须公正，不能有某种程度的偏爱。例如，一个计算机联合航空订票系统，其中的程序对某航空公司的班机有所偏爱，这就使得该航空公司在同其他公司的竞争中始终处于优势。这就是程序员设计时的偏爱所制造的一种非公正的计算机行为。同时，计算机行为应具有一定的道德判断能力，它能防止有人利用自己进行非道德活动，诸如侵犯隐私、盗窃数据等。因此这就要求在软件设计中能够达到若未经许可，他人无法进入计算机系统或通过终端访问计算机，无法对已有软件进行修改，无法运行带有病毒的软件，以确保计算机系统的安全性。第四，尊重使用者的价值。这是一个在软件设计中很容易被忽视的伦理问题。关于如何在软件设计中达到这一要求，丹麦科学家安德森曾提出八个具体的建议：① 计算机系统不能分分秒秒地监视操作者的活动和表现；② 计算机系统应假设使用者具有一定的知识，不能把他们当作白痴；③ 给使用者以更多的自主权；④ 可以让用户修改系统；⑤ 系统的操作方法对用户透明；⑥ 支持人的学习功能；⑦ 支持感觉和直觉，即发挥人的右半脑特性；⑧ 系统不能隔绝操作者与社会的联系，而是要有助于这种联系。基于人工智能软件的计算机还具有自学习、自组织、自适应的能力，这时，软件设计不仅仅是在设计一类具体的行为，而且是在塑造一个准行为主体或一个行为系统[①]。

摩尔认为，计算机革命的方方面面将继续以不可预测的方式涌现——有时给我们带来严重灾难。因此，至关重要的是：要警告将发生什么。计算机革命能够对我们的生活方式产生重要影响，为了使这项技术为我们的共同利益服务，需要继续探讨我们应当如何控制计算机和信息

---

① 王硕强，肖成勇. 计算机软件设计中若干伦理问题的思考[J]. 道德与文明[J]，1992(6)，

流这一关键问题。我们必须保持警惕和先发制人，这样，我们才不致掠夺这个地球村①。

拥有巨大力量和承载未来社会重大责任的计算机专业人员必须接受道德标准的指导，尊重基本的人类价值。"我唯一感到有些担心的时刻是当我发表闭幕式演说的时候。我谈到了几个技术观点，这很正常。我宣布了即将诞生的联合会，这也很好。但随后我指出，就像科学家一样，万维网开发团体的人员必须从伦理和道德上明白自己正在做的事情。我想这话可能会不合那些计算机痴迷者的胃口，但当时在场的人们就是现在塑造万维网的人，因此也是唯一能够确信所产生的系统将适合一个理性和公平社会的人。尽管我有些发抖，但我还是受到热情的欢迎，而我对自己提出这种观点感到非常高兴。这个大会标志着，那些用万维网改变世界的人第一次聚集在一起，就有关职责和义务以及我们准备如何真正使用这个新的媒体确定了一个方向。它是在这个关头确定的一个重要方向。"② 万维网缔造者蒂姆•伯纳斯•李，作为计算机科学家，深刻领悟到网络方向的确定之重要，它不仅关系网络的发展，更事关人类的未来命运。

6.3.3　计算机专业人员的社会责任

"人的责任从本质上讲是一种关系范畴，它发生于人与一切外部世界的现实关系中，而体现的却是人与人、人与自然、人与社会的各种关系。所谓人在改造自然和改造社会的活动中要对自己的行为及其后果承担责任，其实质就是要承担对自己、对他人、对自然、对社会的责任"③。这说明，作为社会成员有机组成的计算机专业人员，在社会生活中需要承担相应的责任，在获取个人发展所需要的物质资源和生活要素、实现共同生活而有序依存的同时，又要以个人的努力和行动，推动社会的发展和进步，并承担相应的责任，也就是社会责任。这种责任就是指计算机专业人员对

---

① 西蒙•罗杰森. 计算机伦理与专业责任[M]. 李伦，等，译. 北京：北京大学出版社，2010：20.

② 蒂姆•伯纳斯•李，马克•菲谢蒂. 编织万维网[M]. 上海：上海译文出版社，1999：88.

③ 聂海洋. 责任内涵的新阐释[J]. 东北师大学报(哲学社会科学版)，2009(1).

国家和民族、对家庭和社会、对他人的生存和发展所应自觉承担的职责、任务和使命，并因未承担这一职责使命而需承受后果。

作为计算机专业人员也是生活在一定的社会关系和社会生活之中，这种现实的社会关系和社会生活就要求人们在享受作为个体和组织的权利的同时履行和承担相应的义务，处于特定的社会环境和社会位置上的人和组织就要承担相应责任，这既是现实生活的要求，也是不以个人的意志为转移的。因此，作为计算机专业人员要有社会责任意识，要清醒地认识到自身所需要承担的社会责任。

同时，作为计算机专业人员，要以自身的专业行为承担相应的社会责任，在开发设计某一个软件、控制发出某一个指令时，都要考虑到这个行为背后的社会责任和可能引发的系列后果。正如我们前文案例中的"排放门"事件中，"失效保护器"软件的策划组织者、开发设计者和具体实施者们，包括公司的领导者们，如果真正具有社会责任意识，就会对其提出不同的意见和看法，甚至采取其他的措施和办法进行操作，也就有可能避免造成这样严重有违企业社会责任的事件。

还有，作为计算机专业人员，要学会以专业的方式承担责任而不是推卸和逃避责任、分散和淡化责任。我们不能认为计算机系统的故障是由程序本身引发的，并不是来自程序员编程的错误，对于计算机专业人员来说不需要承担任何社会责任，这只是典型的推卸和逃避社会责任，一旦发生了责任事故，我们所要做的是直面所发生的问题和漏洞，迅速采取有效的补救办法，而不是去努力寻找该受责备的人、选择逃避责任而免遭责备的错误做法。在一个社会团体中，计算机专业人员是团队合作开发设计软件或程序的，作为团队成员不能分摊责任，如果错误地认为开发团队中每个成员都有失责行为，自己的错误或社会责任便可视而不见或不予追究，认为责任分摊后可以抵免法律责任，这是极其错误的想法。部分计算机专业人员由于社会道德约束力减弱，时常忘记自身的社会角色及社会责任，从而做出职业疏忽、道德失范的行为，也是社会责任缺失的表现，这样既损害了公众的利益和福祉，又危害了公众的健康和安全。

作为计算机专业人员，不仅自身要履行好社会责任，也要与不履行社会责任的行为进行斗争；作为计算机专业人员必须忠于自己的企业，身体力行地遵守法律、职业标准和职业义务，努力避免不正当的执业行为，同时在雇主、顾客、合作人员、普通大众使用计算机程序时承担相应责任。如有人因缺失社会责任等而制造和传播病毒，那么每一个计算机专业人员都负有清除病毒、教导其他更多的人反病毒的社会责任，并以此营造履行社会责任的良好的社会舆论环境。

6.3.4　网络企业与社会责任

除了计算机专业人员个人要承担相应的社会责任，计算机和互联网企业也要承担相应的社会责任，只不过现实中互联网商业化现象严重、商业主义盛行，给我们的网络企业带来了社会责任上的困惑。

自 2010 年以来，"网络公关""水军""网络黑社会"开始进入网民的生活中，并且让广大网民对互联网有了更深的了解，互联网一直存在的系列伦理问题、互联网行业深层次问题以网络商战的形态集中爆发。对此，微博"新华社中国网事"记者调研后撰文报道：

商战战火从现实蔓延至网络，近年来表现得尤其激烈，甚至出现了"井喷"之势。纵观网络商战，有两大特征：一是涉及面广，此起彼伏；二是对抗激烈，"短兵相接"。网络商战之激烈，还突出表现在竞争的无序，对底线的漠视。最典型的当属蒙牛、伊利兄弟相残。伊利公司指控蒙牛对伊利旗下产品 QQ 星儿童奶、婴儿奶粉，进行有计划的舆论攻击。经过警方调查发现，这一事件确系蒙牛"未来星"品牌经理安勇与北京博思智奇公关顾问有限公司共同制定的网络攻击方案。这些网络攻击手段包括寻找网络写手撰写攻击帖子，并在近百个论坛上发帖炒作，煽动网友不满情绪。以儿童家长、孕妇等身份拟定问答稿件，"控诉"伊利，发动大量网络新闻及草根博客进行转载和评述。在恶意攻击深海鱼油的同时，蒙牛"未来星"品牌从中受益[①]。

---

① 罗博，陆文军. 2010 年网络商业纷争回眸[EB/OL] (2019-12-27) [2019-07-30]. http: //tech. sina. com.cn/i/2010-12-27/10245030824. shtml.

系列事件的背后蕴藏什么？互联网商业化至少包括三层含义：一是互联网运营产业化的过程，即由研究网、运行网到商业网发展过程(构架层面)；二是互联网应用商业化，即过去免费"共享"的网络技术和软件产品变成收费服务，如电子邮箱服务收费、搜索引擎竞价排名等(技术层面)；三是互联网商业利用，即以互联网平台和网络(软件)技术为工具(中介)从事赢利活动，如电子商务、远程教育、远程医疗、网上银行和网上证券交易等行为(功能层面)。

互联网商业化给社会经济、政治和文化带来巨大繁荣的同时，也带来了一些负面的道德问题，主要集中在功能层面——互联网的巨大功能的滥用，主要体现在：

① 信息共享逐步演化为信息垄断。随着网络商业化趋势的愈演愈烈，信息越来越集中在少数人、少数机构或少数国家手中，最终形成信息垄断。

② 网络信息的商业化，个人信息隐私侵害问题日趋严重。 Cookies技术对用户信息的收集、加工和处理，在数据库基础上使用各种数学和统计学算法的数据挖掘可能对个人隐私问题提出严峻的挑战。

③ 以电子商务为代表的"网络商业代表着更大的社会隔离、更多的异化，对那些不属于新信息科技一分子的穷人来说，则是更大的分离"[1]。

④ 知识产权的侵占变得容易。数字信息在网络中很容易被复制和传播。以不问内容的包交换技术为基础的最初的网络架构，应对此负主要责任。这种开放式的架构对影视产业构成了巨大威胁，影视业界越来越担忧难以保证其投资知识财产的利益[2]。

商业主义，作为原初的含义，是指商人对金钱自身的一种信仰，是指为所持有的商业精神、目标、方法及与其相适应的某种行为的总括。现在，商业主义主要指商家、企业为了获得利益或成功而表现出来的实践途径和行为观念，它把任何事物都作为生产利润目的的对象，生产、销售行为为

---

① 理查得·谢弗. 社会学与生活[M]. 9 版. 北京：世界图书出版公司，2008：372.

② 理查德·斯皮内洛. 铁笼，还是乌托邦——网络空间的道德与法律[M]. 北京：北京大学出版社，2007：123.

私利所统治。商业主义与商业化关联，是商业化滋生的结果。但商业主义不等于商业化，商业主义与商业化相比较，具有如下基本特征：

第一，商业主义把追求财富(盈利)作为行为的原则。商业主义不仅把盈利作为行为的动机和出发点，而且把诸如友情、快乐、美丽、健康等社会和文化生活要素以货币价值或作为商品来考量。财富是人类生活的基本要素，但不是人类社会、文化生活的全部。"万维网之父"伯纳斯·李不仅拒绝了送到他面前的暴富机会，甚至每每听到人们说他应该从互联网上发财便感到恼怒："如果成功和幸福的标准只以钱财来衡量，那就有问题了。"他对商业力量给网络带来的危险性诚惶诚恐。经济学博士陈金桥在回顾"中国互联网发展十件大事"时表示："作为专家，作为网民，我的一个观点就是说互联网如果不商业化，是没有前途的，但是互联网泛商业化，那是死路一条，……如果没有商业的力量，就不可能大规模应用，是商业力量使得它的规模壮大，但是互联网泛商业化一定是死的，如果互联网什么都是以所谓的利弊、利害、金钱利益作为唯一的衡量指标，互联网的其他属性会被极大程度地削弱，比如我们现在所说的互联网的社会属性、文化属性、互联网的媒体属性等都不能以利害作为唯一的衡量指标。"[①]技术是有价值的，技术的价值并非来源于技术本身，而是来源于人们自己建立起来的价值体系和制度。技术的社会建构论认为，技术发展囿于特定的社会环境，技术活动为技术主体的利益、文化、价值取向等因素所决定。相对于以往的技术，互联网价值负荷更为明显，因为互联网不仅仅是技术，本质上是一种文化。互联网商业主义仅仅看到了互联网作为技术的一面，而忽视了互联网作为文化的方面。

第二，商业主义倡导企业/公司或个人谋取私利，忽视社会责任。商业主义作为一种社会现象，是与功利性密切相关的，从经济学角度讲，企业的"本能"就是追求利润的最大化。当下，网络低俗信息之所以成为顽疾，就因为一些网站利欲熏心：他们放弃社会责任，一味追逐公司或个人的商业利益，以低俗内容拉高点击率，对论坛、博客、播客等互动栏目中的低俗内容睁一只眼闭一只眼，甚至谄媚淫秽色情信息。市场

---

① 陈金桥. 互联网泛商业化只有死路一条[EB/OL].(2009-08-17)[2011-07-30]. http: //www.cctime.com/ html/2009-8-17/2009817918265427.htm.

经济从来不反对利益的获取，同时还追求利益的最大化。问题是利益的获取和交换都涉及公平和正义问题，并由此划分人们对利益所持有的态度。西方 20 世纪 70 年代中期爆发的"经济伦理运动"以及在这一运动中诞生的经济伦理学科的一个基本观点认为：经济活动是人类活动，经济关系是社会关系，因此可用于社会领域社会活动的伦理价值、伦理关系、伦理责任也是从事经济活动的人和组织所无法回避的[①]。在现代社会，一味追求财富，不受社会良知和责任约束而自由追逐私利的商业主义行为正受到来自各方的批评和唾弃，毕竟，经济只是一种手段，公民的美好生活和共存才是目的。事实上，互联网商业主义重私利轻责任的倾向目前在网络游戏经营方面表现得相当明显，运营商为吸引和诱惑玩家以从中渔利，不惜在一些网络游戏审批或备案后，竟然私自添加宣扬暴力、血腥、色情的不健康内容，在游戏过关等环节上添加大量的成瘾元素，甚至鼓励玩家从事"贩毒""卖淫"违法犯罪活动，给家庭和社会制造大量不和谐因素。

第三，商业主义过分强调商业成就和即期成果。强调商业成就和即期成果是商业主义追求财富忽视责任动机和行为的观念使然。互联网商业主义强调商业成就和即期成果的表现形式是商业操纵网络，如人工干涉搜索排列、引擎屏蔽、网络推手和网络造星等。在互联网，信息的发布/排列方式不仅被商业所操控，信息本身也在一定程度上成为商业主义者"勒索"的工具，这与互联网先驱们信息共享的理念相去甚远，也使互联网本身的价值受到损害。互联网商业操纵背离了"开放、平等、协作和共享"的互联网精神。

互联网的商业化本身并没有问题，它对互联网自身和人们社会生活还起到一定的积极作用。而过分的、不负责任的、无限追求利润和即期成果的商业化运作，势必对互联网本身发展和人们社会生活产生严重的负面影响[②]。2010 年网络商战系列事件背后实质离不开互联网商业主义的作祟以及企业社会责任的缺失。

---

① 陆晓禾. 和谐社会、市场经济与伦理规范[J]. 理论与现代化，2008(1).

② 周兴生，谭守俭. 因特网商业化和商业主义的道德考量[J]. 社会科学论坛，2010(16).

也许我们从腾讯与 360 之争中可以得到关于网络企业社会责任方面的某些启发和思考：

腾讯与 360 之争

《2010 年中国互联网发展大事记》记载：2010 年 10 月 29 日，北京奇虎科技有限公司推出名为"扣扣保镖"的安全工具。11 月 3 日，深圳市腾讯计算机系统有限公司指出"扣扣保镖"劫持了 QQ 的安全模块，并决定在装有 360 软件的电脑上停止运行 QQ 软件。11 月 4 日，政府主管部门介入调查，在有关部门的干预下，双方的软件恢复兼容[①]。

腾讯与 360 之争，其源头要追溯到 2010 年的春节前后。当时，腾讯选择在二三线和更低级别的城市强行推广 QQ 医生安全软件，一夜之间，QQ 医生占据国内 1 亿台左右电脑，市场份额高达近 40%。2010 年 2 月 25 日，有网友向搜狐 IT 反映，在用 QQ 医生查询系统漏洞并安装系统补丁时，360 安全卫士会弹出对话框，向用户提示该补丁会造成系统异常，建议用户不必安装，纷争拉开序幕。

2010 年 9 月 27 日，双方纷争升级，360 高调发布隐私保护器，专门曝光窥私软件，并将矛头直接指向即时通讯软件——腾讯的 QQ。腾讯随即发表声明回应，称腾讯 QQ 软件绝对没有窥探用户隐私的行为，也绝不涉及任何用户隐私的泄露。10 月 11 日，处于风口浪尖的 360 发布《用户隐私保护白皮书》，详细阐述 360 旗下每款软件的工作原理，同时呼吁其他互联网软件厂商把自己的行为全部透明化及公开化。两天后，腾讯 QQ 与 360 之间的"隐私之争"演变成为中国互联网历史上最大的弹窗事件：腾讯 QQ 向 1 亿多在线 QQ 用户大规模弹窗称"被某公司诬蔑窥视用户隐私"，360 则对外声明称 QQ 涉嫌扫描用户隐私是长期存在的历史问题，用户最有权力监督 QQ。10 月 14 日，针对 360 隐私保护器直接针对 QQ，并在 QQ 用户中制造恐慌情绪，腾讯正式起诉 360 不正当竞争，要求奇虎及其关联公司停止侵权、公开道歉并做出赔偿。10 月 27 日，纷争升级成五大公司对 360 的声讨。百度、腾讯、金山、傲游、可牛共同发表一份《反对 360 不正当竞

[①] http://www.cnnic.net.cn/dtygg/dtgg/201105/t20110509_20813.html.

争及加强行业自律的联合声明》，声称倡导同行公平竞争，呼吁主管机构介入调查。随即，360给以反击，在发布的一份声明中披露腾讯偷偷扫描用户硬盘的最新证据——"超级黑名单"。

2010年10月29日，双方纷争达到高潮。360推出一款名为"扣扣保镖"的安全工具，称该工具全面保护QQ用户的安全，包括阻止QQ查看用户隐私文件、防止木马盗取QQ账号以及给QQ加速等功能。对此，腾讯方面再次申明"使用非法外挂会威胁用户账号及虚拟财产安全，请广大用户提高警惕，不要下载安装该软件。"11月3日，腾讯发布《致广大QQ用户的一封信》：

亲爱的QQ用户：

当您看到这封信的时候，我们刚刚做出了一个非常艰难的决定。在360公司停止对QQ进行外挂侵犯和恶意诋毁之前，我们决定将在装有360软件的电脑上停止运行QQ软件。……

企业纷争最终演变为公共事件，网民被"绑架"。11月4日，政府主管部门介入调查，10日下午，在工信部等三部委的干预下，QQ和360实现兼容，纷争划上句号。

这场纷争带给我们一些怎样的思考呢？

拥有道义还是道德霸权？纷争初期，360打着道义的旗帜，声称是为了保护用户隐私，让腾讯陷于不义之中，腾讯舆论劣势一目了然；当腾讯以"艰难的决定"挟持网民的时候，也是以一个勇于捍卫道义的弱者出现："我们被逼无奈，只能用这样的方式保护您的QQ账户不被恶意劫持""对没有道德底线的行为说不！"其实，双方的目的不一定都是道义，而是利益，是为了确保自己软件的占有率罢了。事件反映了我国许多互联网企业的伦理价值观：道德至多是获取利益的工具。

互联网企业竞争的底线与准则是什么？企业间的竞争，在市场经济的当下原本是正常现象，但竞争必须有应遵守的法则和规矩以及恪守的基本底线。这个规则底线就是，商家间的战争不应把广大用户和网民裹挟其中，让用户成为盾牌；更不能为了小团体利益，恣意损害网友和用户的利益，用网友上网不便的恶劣手段来阻击竞争对手[①]。2010 年 11 月 20 日，工信部在"关于批评奇虎公司和腾讯公司的通报"中指出：责令两公司从本次事件中吸取教训，认真学习国家相关法律规定，强化职业道德建设，严格规范自身行为，杜绝类似行为再次发生。相关互联网信息服务提供者要引以为戒，遵守行业规范，维护市场秩序，尊重用户权益，共同促进互联网行业健康、稳定、持续发展。

腾讯是否存在垄断？"因与 360 方面存在争议，腾讯公司对争议双方之外的第三人——QQ 用户实施'绑架'，这种行为可以视为垄断行为。"中国商业法研究会副会长、中国政法大学教授刘继峰表示，腾讯在没有正当理由的情况下拒绝交易(提供服务)，属于滥用市场支配地位的行为。刘继峰认为，腾讯公司号称拥有 8 亿多 QQ 用户，根据《反垄断法》的规定，单个企业占有 50%以上的市场份额，即具有市场支配地位，腾讯公司的 QQ 软件显然具有市场支配地位。作为具有市场支配地位的经营者，腾讯强制 QQ 用户删除 360 系列软件的做法未经许可，更没有主动与用户协商，在这样的情况下，很难保障市场公平竞争，维护消费者利益和社会公共利益。腾讯敢祭起封杀大旗，自是和其市场垄断地位和实力分不开的。根据腾讯官方网站的数据，截至 2010 年 3 月 31 日，QQ 即时通讯的活跃账户数达到 5.686 亿，最高同时在线账户数达到 1.053 亿。腾讯已是国内当仁不让的网上即时通讯霸主。搜狐总裁张朝阳在自己的微博中指出：抄袭和垄断已成为中国互联网产业发展最大的问题。反对技术霸权，政府应有所作为，以防范企业间的恶性竞争伤害公众利益。

网络隐私如何界定与保护？2011 年 4 月 26 日，腾讯公司诉 360 隐私保护器侵权案在北京朝阳区法院宣判。法院判令北京奇虎、奇智软件以及三际无限三个被告停止发行使用涉案 360 隐私保护器，删除相关网站涉案侵权内容，在 360 网站首页及法制日报公开致歉 30 日，并赔偿原告损失 40 万元。法院在判决中同时指出：

通过本案事实查明：360 隐私保护器在对 QQ2010 软件监测时，对 QQ2010 软件扫描计算机中可执行文件的行为，使用了"可能涉及您的隐私"的表

---

① 刘建新. 我的电脑谁做主——从腾讯与 360 纷争看互联网公共道德危机[J]. 新闻爱好者，2010(12).

述。对此，本院认为：

（1）就"隐私"而言，从社会大众对隐私的一般性理解来看，隐私是指不愿告人或者不愿公开的个人事情或信息。

（2）"360 隐私保护器"对 QQ2010 软件监测提示的可能涉及隐私的文件，均为可执行文件。事实上，涉案的这些可执行文件并不涉及用户的隐私。

（3）《360 隐私保护白皮书》中对"隐私"的界定明确表述为"可执行文件本身不会涉及用户的隐私"。

综上"360 隐私保护器"对 QQ2010 软件监测提示的可能涉及隐私的文件，与客观事实不符，与奇虎科技公司、奇智软件公司自行界定的隐私认定标准不符。在这里尽管使用了"可能"的表述，但会使用户产生一种不安全感，导致放弃使用或者避免使用 QQ2010 软件的结果，从而使"可能"变成是一种确定的结论，也必然造成用户在使用"360 隐私保护器"后会对 QQ2010 软件产生负面的认识和评价。

6.4　拓展阅读

为什么软件不可靠？

计算机程序中的失误可能是软件生产失误引起的。他们可能疏忽了，或者为了打败竞争对手工作得太匆忙了。有的时候，软件设计团队认定：系统将受到常规检查，小的失误很容易发现。当在现实中这种系统必须永久发挥作用的时候，这可能是一个致命的错误。一个一般性的惯例是，每 4000 行编码中至少有一个失误。大的数字电话系统程序有几百万行编码，因而失误的数量也就相应地增加了。

为了保证软件完全可靠，设计人员一定要考虑数字系统的所有可能的工作条件。一个负责飞机着陆的系统必须在所有可能影响飞机的气候条件下检测：极热或极冷、忽然的大风、预料之外的冰雹或结冰。显然气候只是众多变量中的一个。系统设计者建立了一个关于系统将在其中运行的现实条件的模型。尽管做出了努力，但永远不可能在模型中把所有可能的情况和条件都包括进去，可能遗漏掉一些因素。

在实际使用前，设计人员把有几百万行编码的程序中的所有失误都检测出来，这是不可能的。即使反复检测，仍会有失误，并将有可能引起问题。如果失误被检测出来，显然它们会得到纠正。但是，纠正可能造成新的失误。而且，有时失误不是由软件设计者造成的，而是由程序中的一部分编码自己复制自己并且向系统传送错误的指令而在后来发展起来的。随着数字网络的复杂性和容量越来越大，出现能够躲过防病毒软件检查的自我变异的病毒的风险只会增大。检测是困难的，因为即使很小的失误也可能造成严重的后果，因此不能放过任何细微的环节。由人来做检测，他们容易忽略某些东西。如果让计算机来做检测，又有检测软件的可靠性问题。用来追踪所谓"漏洞"(例如病毒)的软件本身可能也包含失误。一个经典的事例是，一个具有几百万行编码的系统，经过三个月的试验后，一切似乎都很完善。后来，一个小的细节(如三行编码)被改动了，没有合理的理由要求再经历一次三个月的检验，这个系统被安装上了——但是崩溃了。

即使检测结果满意也不能确保万无一失，因为一些问题只有在系统实际投入使用一段时间以后才出现。如果系统在那时出现故障，查找原因常常是一件复杂而费时的事情。实际上，只有当系统出现故障的时候，人们才能知道系统出了故障，模拟检测对系统在不同条件下的可靠性情况进行了检验，但是，最终真正的检测只有在系统长期的日常使用中才能实现。

通常，数字系统十分复杂。这种复杂性引起了非预期的效应，因为系统可能做没有被指示去做的事情。一个事例是商店里的防盗探测器有可能给顾客的心脏起搏器重新编程，有时造成的后果是致命的。

软件可以不那么复杂吗？更简单的软件当然是可能的，但是，这将减少系统可以完成的功能的数量。如果用户要求微波炉、洗衣机、个人电话、飞机座舱系统、核反应堆的控制面板等具有更多的功能，那么，就得增加操作系统的复杂性，从而增加出现故障的几率。甚至当用户不需要洗碗机有那么多功能的时候，制造商还是会把这些功能塞进其系统以宣传质量上乘。

对复杂系统的保护使系统更加复杂。系统越复杂，预测所有可能的失误就越困难。随着复杂性增大，意外的可能性也会增加。另外一个问题是，软件常常指挥含有相互作用、相互影响的部分系统。如果某一部分出现故障，整个系统就会受到影响。一个电子系统的众多组成成分中的一个或部分，可能是影响整个系统质量的链条中的一个薄弱环节。预测原本安全的成分在组成一个系统后会怎样运转，这也是不可能的。甚至应用已得到证明的软件也不能保证其可靠性，因为在新系统中运行的软件可能出现非预期的行为。

（来源：西斯·J·哈姆林克. 赛博空间的伦理学[M]. 李世新，译.

北京：首都师范大学，2010：97-98.）

后　记

2007 年秋实的季节，我们在湖南信息职业技术学院开设了"网络伦理和社会责任"选修课，尽管之后课程有过中断，我们却从未停止过对该课程——无论是内容还是结构的思考和探索。2017 年，"网络伦理"课程作为专业必修课列入学院计算机类专业学生人才培养方案，因此编著一本适合我国高校教学和互联网企业培训的网络伦理教程成了教学团队的当务之急。

本教程由周兴生和朱理鸿共同拟定写作大纲并负责最后统稿，各章写作分工如下：周兴生撰写第 1 章、第 2 章和第 5 章，朱理鸿撰写第 3 章、第 6 章，陈艳芳撰写第 4 章。

在初拟的教程大纲中，为与其他各章呼应，第 5 章拟以"未来互联网"为开首，碍于未来互联网只现端倪，理论界亦未形成共识，加上我们的学识和笔力有限，终抱憾。端赖静观互联网的发展，从大家吸取养分，来日修订去实现。

诗云："瞻彼淇澳，绿竹猗猗。有匪君子，如切如磋，如琢如磨。"学问切磋更精湛，品德琢磨更良善。由于学识和写作时间的因素，我们知道本教程还有许多有待提高和完善的地方，因此特别期待您的批评和建议，编著者电子邮箱：w111jc@126.com。

编著者

2019 年 8 月 9 日